职业技术教育"十二五"课程改革规划教材

光电技术（信息）类

光学技术应用实验教程

GUANG XUE JISHU YINGYONG SHIYAN JIAOCHENG

U0333526

主　编　郑　丹　李　勇

副主编　张泽奎　肖　彬

　　　　刘新灵

主　审　王中林

华中科技大学出版社

http://press.hust.edu.cn

中国·武汉

内 容 简 介

本书以光电应用基础知识理论体系为主线,从光学技术工程化应用基础训练角度出发,主要内容按照光学基础与加工应用来设置,包括光学技术基础知识、光学测量知识、光学零件加工等方面的基础实验技能训练。旨在训练学生操作基本仪器的技能,利用光学设备进行精密测量的能力,对光学元件加工进行检测的能力,使学生初步掌握光学工程学科内涵。

本书可作为光电子/激光相关专业专科生的实验教材,也可作为有关专业的教师和企业人员的参考书。

图书在版编目(CIP)数据

光学技术应用实验教程/郑丹,李勇主编. —武汉:华中科技大学出版社,2015.7(2023.1重印)
职业技术教育"十二五"课程改革规划教材. 光电技术(信息类)
ISBN 978-7-5680-1034-4

Ⅰ.①光…　Ⅱ.①郑…　②李…　Ⅲ.①工程光学-实验-职业教育-教材　Ⅳ.①TB133-33

中国版本图书馆 CIP 数据核字(2015)第 157600 号

光学技术应用实验教程　　　　　　　　　　　　　　　　　　郑　丹　李　勇　主编

策划编辑:王红梅
责任编辑:余　涛
封面设计:秦　茹
责任校对:马燕红
责任监印:周治超
出版发行:华中科技大学出版社(中国·武汉)　　电话:(027)81321913
　　　　　武汉市东湖新技术开发区华工科技园　　邮编:430223
录　　排:武汉市洪山区佳年华文印部
印　　刷:武汉邮科印务有限公司
开　　本:787mm×1092mm　1/16
印　　张:8.5
字　　数:207千字
版　　次:2023 年 1 月第 1 版第 2 次印刷
定　　价:28.80 元

前　言

　　光学和其他学科一样,也是经过长期的实践,在大量的实验基础上才逐步发展和完善的,它建立起的经典光学理论和实验方法,在促进生产发展和社会进步的历史过程中,已经发挥了重要的作用。虽然近几十年来,现代光学的发展特别迅速,理论的成果和新型光学实验技术的内容十分丰富,但经典的实验方法仍然是现代物理实验方法的基本内容,因此,作为基础的光学实验课,学习的重点仍应该是学习和掌握光学实验的基本知识、基本方法以及培养基本的实验技能,通过研究一些基本光学现象,加强对经典光学理论的理解,提高对实验方法和技术的认识。

　　目前,开设与光学工程相关专业的大专院校大大增加,光电子/激光加工等光学工程领域里的大学生人数也在迅速增加。本书以光电应用基础知识理论体系为主线,从光学基础应用角度出发,进行编写。考虑到需要对光学元件进行加工检测,本书融入了光学零件加工与检测的有关内容。

　　激光器光学技术实验中应该学习和掌握的内容如下。

　　1. 学习光学中基本物理量的测量方法

　　光学中的基本物理量有透镜的焦距、光学系统的基点、光学仪器的放大率和分辨率、透明介质的折射率及光波波长等。在学习实验方法时,要注意它的设计思想、特点及其适用条件。

　　2. 学会使用一些常用的光学仪器

　　光学实验的常用光学仪器有光具座、测微目镜、望远镜、分光计、干涉仪、摄谱仪等。学会使用光学仪器,包括了解仪器的构造及正常使用状态、调节到正常使用状态的方法、操作要求、注意事项,并具有较好的操作技能。

　　3. 学习分析光学实验中的基本光路

　　光学实验中的光路是每一个实验设计思想的具体体现,它是由许多基本光路所组合成的,要学会分析每一基本光路在整个实验中的作用,了解光路组成元件的参量对实验产生的影响,基本光路之间的衔接配合的要求等,还要练习应用这些基本光路,设计一些简单的测试实验,以锻炼我们的实践能力。

　　4. 继续学习分析误差的方法和提高对实验数据的处理能力

　　在光学实验中,要继续提高对实验数据的处理能力和对实验结果误差原因的分析水平,力求正确地表达和评价实验结果,分析误差产生的原因以及减小实验误差的有效途径,不仅能加深对实验理论的认识,也必然会加强对测量方法和选择仪器的理解。

　　5. 学习光学零件面形质量检测的方法

　　光学零件检测是光学元件加工的重要工序,本书介绍了元件基本几何参数及光洁度检测系统、基本冷加工参数检测系统、光学元件中心偏差测量、不平行度的测量、光学元件膜层特性检测、像差及参数检测系统等。可以通过这些实验掌握光学元件加工检测的基本方法和手段，提高学生光学实践加工与检测能力。

本书由武汉软件工程职业学院郑丹、李勇任主编，张泽奎、肖彬、刘新灵为参编，由王中林教授统一审稿。本书光学零件检测部分内容得到大恒新纪元科技股份有限公司技术支持，在此一并感谢！

本书可作为光电子/激光相关专业专科生的实验教材，也可作为相关专业的教师和企业人员的参考书。

作 者

2015 年 11 月

目　　录

1

光学实验基础知识

1.1 光学实验的内容和特点

1.1.1 光学实验的内容

光学和其他学科一样,也是经过长期的实践,在大量实验的基础上才逐步发展和完善的,它建立起的经典光学理论和实验方法,在促进生产发展和社会进步的历史过程中,已经发挥了重要的作用。虽然近几十年来,现代光学发展迅速,理论成果和新型光学实验技术层出不穷,但经典的实验方法仍然是现代物理实验方法的基本内容。因此,作为基础的光学实验课,学习的重点仍应该是学习和掌握光学实验的基本知识、基本方法以及培养基本的实验技能,通过研究一些基本光学现象,加强对经典光学理论的理解,提高对实验方法和技术的认识。

光学实验应该学习和掌握的内容如下。

1. 学习光学基本物理量的测量方法

光学中的基本物理量有透镜的焦距、光学系统的基点、光学仪器的放大率和分辨率、透明介质的折射率及光波波长等。在学习实验方法时,要注意它的设计思想、特点及适用条件。在测量过程中,要注意观察和分析所发生的各种光学现象,注意其规律性,以加深和巩固对所学理论知识的理解,并善于运用理论指导自己的实践。例如,观察偏振现象,正确地分析和判断光波的偏振态及完成各种偏振态所需要的测量,以提高解决实际问题的能力。

2. 学会使用常用的光学仪器

光学实验的常用光学仪器有光具座、测微目镜、望远镜、分光计、干涉仪、摄谱仪等。学会使用光学仪器,包括了解仪器的构造及正常使用状态,调节到正常使用状态的方法、操作要求、注意事项,并具有较好的操作技能。

3. 学习分析光学实验中的基本光路

光学实验中的光路是每一个实验设计思想的具体体现,它是由许多基本光路组合而成的,常用的基本光路有自准直光路、助视放大光路、恒偏向光路、分束光路、激光束准直光路等,要学会分析每种基本光路在整个实验中的作用,了解光路组成元件的参量对实验产生的影响、基本光路之间的衔接配合的要求等,还要练习应用这些基本光路,设计一些简单的测试实验,以锻炼我们的实践能力。

如果对实际光路的理解没有清晰的物理图像,很可能为实践中出现的干扰所困惑。通过实践,可以学习排除干扰、提高观测效果的方法。如怎样判断"假象",怎样减少背景光的干扰,怎样按照光路的基本特征又快又好地观察和观测目标……这对于提高发现问题、分析问题、解决问题的实际能力,是十分重要的。

4. 学习分析误差的方法,提高对实验数据的处理能力

在光学实验中,要继续提高对实验数据的处理能力和对实验结果误差原因的分析水平,力求正确地表达和评价实验结果,分析误差产生的原因以及减小实验误差的有效途径,不仅能加深对实验理论的认识,也必然会加强对测量方法和选择仪器的理解。

当然,有意识地提高实验素养,培养良好的实验习惯和科学作风,应贯穿在整个学习过程中。

1.1.2　光学实验的特点

1. 实验和理论密切结合

众所周知,光波的本质是频率极高的电磁波。例如,可见光的频率为 10^{14} Hz 数量级,即在 10^{-9} s 的时间内,光扰动就有几十万次之多,而实验只能测定在观察时间内的平均效果。因此在光学实验中,必须应用理论知识来指导实践。如果不掌握光的基本理论,不熟悉光源发光的宏观特性,不了解光波的相干性和偏振态,有些光学实验(如干涉)将很难做好,而有些光学实验(如偏振)甚至无法进行。对于光学元件的选择,实验光路的合理布置,光学实验现象的观察、寻觅和判断,光学仪器的调节和检验等问题,实验者必须把实验和理论密切地结合起来,尊重实际,详尽观察和记录各种光学现象及其出现的条件,结合理论,经过思考,做出正确的分析和解释,只有这样,才能巩固和加强对理论知识的理解,提高实验兴趣,增长实验才干,扩大实验收获。

2. 仪器调节的要求较高

光学实验中使用的仪器一般比较精密,像分光计、迈克尔逊干涉仪等的测量精密度都较高,但要能充分发挥仪器测量的高精度,必须在使用前将仪器按照要求调节好。光学仪器的调节,不仅是一项基本的实验操作,而且包含着丰富的物理内涵,必须在详细了解仪器性能和特点的基础上,建立起清晰的物理图像,才能选择有效而准确的调节方法。根据观察到的现象,检验和判断仪器是否处于正常工作状态,提出应该采取的解决办法。这也只有在理论指导下,通过反复耐心的实验操作训练,才能切实地掌握。对此,实验者绝不能存有侥幸心理,盲目地实践,否则,轻者会影响实验的正常进行,重者将导致精密仪器性能的下降,甚至损坏仪器。

3. 要求较高的实验素养

光学实验的一个特点就是,很多光学测量都是实验者通过对仪器的调整,对目标的观察和判断以后进行读数的,因此实验者理论基础、操作技能的高低及判断准确程度,都将使测量数据具有不同的偏离和分散,从而影响测量结果的可靠性。因此,实验者必须在实验过程中不断提高实验素养,尽力排除"假象"和其他因素的干扰,力求客观而正确地反映实际。

另外,为了取得较好的实验效果,减小环境杂散光的干扰,有的光学实验须在低照度环境下进行,因此,在实验过程中要小心谨慎、安全操作、防止事故,要避免光学元件跌落损坏、仪器读数失误,并注意用眼卫生、保护视力。

随着科学技术突飞猛进的发展,各个科研、生产领域对光学实验技术提出了越来越高的要求,许多现代化的精密光学仪器的问世,为化学、生物和医学提供了重要的实验手段,应该看到,光学实验技术正发挥着日益重大的作用。

1.2 光学实验的观测方法

1. 用眼睛直接观察

在光学实验中,常通过眼睛直接对光学实验现象进行观察。用眼睛直接进行观测简单灵敏,同时观察到的图像具有立体感和色彩等特点。这种用眼睛直接观察的方法称为主观观察方法。

人的眼睛可以说是一个相当完善的天然光学仪器,从结构上说它类似于一架照相机。人眼能感觉的亮度范围很宽,随着亮度的改变,眼睛中瞳孔大小可以自动调节。人眼分辨物体细节的能力称为人眼的分辨力。在正常照度下,人眼黄斑区的最小分辨角约为 $1'$。人眼的视觉对于不同波长的光的灵敏度是不同的,它对绿光的感觉灵敏度最高。人眼还是一个变焦距系统,它通过改变水晶体两曲面的曲率半径来改变焦距,约有 20% 的变化范围。

2. 用光电探测器进行客观测量

除了用人眼直接观察外,还常用光电探测器来进行客观测量,对超出可见光范围的光学现象或对光强测量需要较高精度要求时,就必须采用光电探测器进行测量,以弥补人眼的局限性。

常用的光电探测器有光电管、光敏电阻和光电池等。

(1) 光电管是利用光电效应原理制成的光电发射二极管。它有一个阴极和一个阳极,装在抽真空并充有惰性气体的玻璃管中。当满足一定条件的光照射到涂有适当光电发射材料的光阴极时,就会有电子从阴极发出,在二极间的电压作用下产生光电流。一般情况下,光电流与光通量成正比。

(2) 光敏电阻是用硫化镉、硒化镉等半导体材料制成的光导管。光照射到光导管时,并没有光电子发射,但半导体材料内电子的能量状态发生变化,导致电导率增加(即电阻变小)。照射的光通量越大,电阻就变得越小。这样就可利用光敏电阻的变化来测量光通量大小。

（3）光电池是利用半导体材料的光生伏特效应制成的一种光探测器,由于光电池有不需要加电源、产生的光电流与入射光通量有很好的线性关系等优点,常在大学物理实验中使用。

硅光电池结构如图 1-1 所示。利用硅片制成 PN 结,在 P 型层上贴一栅形电极,N 型层上镀背电极作为负极。电池表面有一层增透膜,以减少光的反射。由于多数载流子的扩散,在 N 型与 P 型层间形成阻挡层,有一由 N 型层指向 P 型层的电场阻止多数载流子的扩散,但是这个电场却能帮助少数载流子通过。当有光照射时,半导体内产生正负电子对,这样 P 型层中的电子扩散到 PN 结附近被电场拉向 N 型层,N 型层中的空穴扩散到 PN 结附近被阻挡层拉向 P 区,因此正负电极间产生电流;若停止光照,则少数载流子没有来源,电流就会停止。硅光电池的光谱灵敏度最大值在可见光红光附近（800 nm）,截止波长为 1100 nm。图 1-2 所示的是硅光电池灵敏度的相对值。

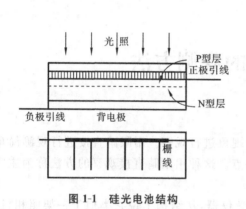

图 1-1　硅光电池结构

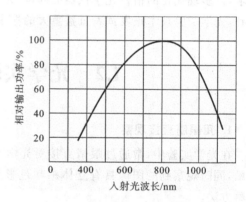

图 1-2　硅光电池的光谱灵敏度

使用时注意,硅光电池质脆,不可用力按压。不要拉动电极引线,以免脱落。电池表面勿用手摸。如需清理表面,可用软毛刷或酒精棉进行清洗,要防止损伤增透膜。

1.3　光学实验常用仪器

光学实验仪器可以扩展和改善观察的视角,以弥补视角的局限性。构成光学仪器的主要元件有透镜、反射镜、棱镜、光栅和光阑等,这些元件按不同方式的组合构成了不同的光学系统。光学仪器分为助视仪器（放大镜、显微镜、望远镜）、投影仪器（放映机、投影仪、放大机、照相机）和分光仪器（棱镜分光系统、光栅分光系统）。下面介绍部分常用的光学仪器,主要介绍光学实验中常用仪器的构造、调节和光学实验中的常用光源。

1.3.1　助视仪器

1. 放大镜和视角放大率

凸透镜作为放大镜是最简单的助视仪器,它可以增大眼睛的观察视角。设原物体长度

为 AB，放在明视距离（距离眼睛 25 cm）处，眼睛的视角为 θ_0；通过放大镜观察，成像仍在明视距离处，此时眼睛的视角为 θ，如图 1-3 所示。θ 与 θ_0 之比称为视角放大率 M，计算式如下：

$$M \approx \frac{\theta}{\theta_0} \tag{1-1}$$

因为

$$\theta_0 = \frac{\overline{AB}}{25}, \quad \theta \approx \frac{\overline{A'B'}}{25} = \frac{\overline{AB}}{f}$$

所以

$$M = \frac{\theta}{\theta_0} = \frac{\overline{AB}/f}{\overline{AB}/25} = \frac{25}{f} \tag{1-2}$$

式中：f 为放大镜焦距，f 越短，放大率越高。

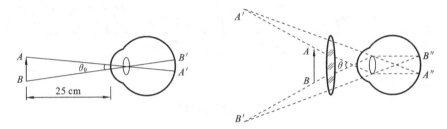

图 1-3　视角放大率

2. 目镜

目镜也是放大视角用的仪器。放大镜（放大镜也是最简单的目镜）可用来直接放大实物，而目镜则是用来放大其他光具组所成的像。一般对目镜的要求是有较高的放大率和较大的视场角，同时要尽可能校正像差，为此，目镜通常是由两片或更多片的透镜组成。目前应用最广泛的目镜有高斯目镜和阿贝目镜，图 1-4 所示的分别为阿贝目镜和高斯目镜的示意图。图中的叉丝为测量时的准线，反射镜和小棱镜的作用是改变照明光的入射方向，照亮叉丝。

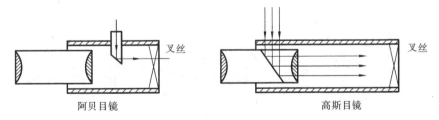

阿贝目镜　　　　　　　　　　　高斯目镜

图 1-4　目镜结构

3. 显微镜

显微镜由目镜和物镜组成，其光路如图 1-5 所示。待观察物 PQ 置于物镜 L_0 的焦平面 F_0 之外，距离焦平面很近的地方，这样可使物镜所成的实像 $P'Q'$ 落在目镜 L_e 的焦平面 F_e 之内靠近焦平面处。经目镜放大后在明视距离处形成一放大的虚像 $P''Q''$。理论计算可得显微镜的放大率为

$$M = M_o \cdot M_e = -\frac{\Delta \cdot s_o}{f'_o \cdot f'_e} \qquad (1\text{-}3)$$

式中：M_o 是物镜的放大率；M_e 是目镜的放大率；f'_o、f'_e 分别是物镜和目镜的像方焦距；Δ 是显微镜的光学间隔（$\Delta = F_o F_e$，现代显微镜均有定值，通常是 17～19 cm）；$s_o = -25$ cm，为正常人眼的明视距离。

由式(1-3)可知，显微镜的镜筒越长，物镜和目镜的焦距越短，放大率就越大。一般 f'_o 取得很短（高倍的只有 1～2 mm），而 f'_e 在几厘米左右。在镜筒长度固定的情况下，如果给定物镜、目镜的焦距，则显微镜的放大率也就确定了。通常物镜和目镜的放大率是标在镜头上的。

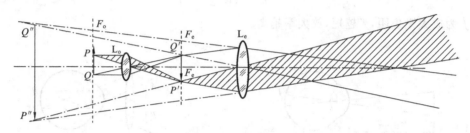

图 1-5　显微镜构造

4. 望远镜

望远镜可以帮助人眼观望远距离物体，也可作为测量和对准的工具，它也是由物镜和目镜组成的。其光路如图 1-6 所示，远处物体 PQ 发出的光束经物镜后被会聚于物镜的焦平面 F'_o 上，成一缩小倒立的实像 $P'Q'$，像的大小取决于物镜焦距及物体与物镜间的距离。当焦平面 F'_o 恰好与目镜的焦平面 F_e 重合在一起时，会在无限远处呈一放大的倒立的虚像，用眼睛通过目镜观察时，将会看到这一放大且移动的倒立虚像 $P''Q''$。若物镜和目镜的像方焦距为正（两个都是汇聚透镜），则为开普勒望远镜；若物镜的像方焦距为正（汇聚透镜），目镜的像方焦距为负（发散透镜），则为伽利略望远镜。图 1-6 所示的为开普勒望远镜的光路图。

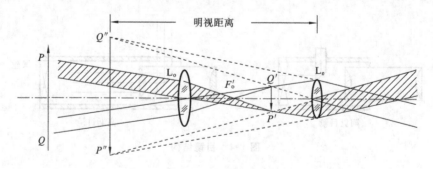

图 1-6　望远镜构造

由理论计算可得望远镜的放大率为

$$M = -\frac{f'_o}{f'_e} \qquad (1\text{-}4)$$

式(1-4)表明，物镜的焦距越长、目镜的焦距越短，则望远镜的放大率越大。对开普勒望远镜($f_o'>0$，$f_e'>0$)，放大率 M 为负值，系统成倒立的像；而对伽利略望远镜($f_o'>0$，$f_e'<0$)，放大率 M 为正值，系统成正立的像。在实际观察时，物体并不真正位于无穷远，像亦不成在无穷远。式(1-4)仍近似适用。

1.3.2 常用实验仪器的构造与调节

在光学实验中，常使用的基本光学仪器有光具座、测微目镜、读数显微镜及分光计等。下面对这几种光学仪器作简单介绍。

1. 光具座

1）光具座的结构

光具座的主体是一个平直的轨道，有简单的双杆式和通用的平直轨道式两种。轨道的长度一般为 $1\sim2$ m，上面刻有毫米标尺，还有多个可以在导轨面上移动的滑动支架。一台性能良好的光具座应该是导轨的长度较长，平直度较好，同轴性和滑块支架的平稳性较好。

光学实验室常用的光具座有 GJ 型、GP 型、CXJ 型等，它们的结构和调试方法基本相同。图 1-7 所示的是 CXJ-1 型光具座的结构示意图，它是目前光学实验中通用的光具座，长度 1520 mm，中心高 200 mm，精度较高。

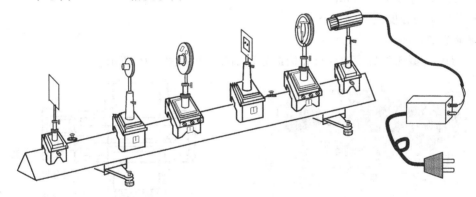

图 1-7 光具座结构

2）光具座的调节

将各种光学元件(透镜、面镜等)组成特定的光学系统，运用这些光学系统成像时，要想获得优良的像，必须保持光束的同心结构，即要求该光学系统符合或接近理想光学系统的条件，这样，物方空间的任一物点，经过该系统成像时，在像方空间必有唯一的共轭像点存在，而且符合各种理论计算公式。为此，在使用光具座时，必须进行"共轴等高"调节。共轴调节内容包括：所有透镜的主光轴重合且与光具座的轨道平行，物中心在透镜的主光轴上；物、透镜、屏的平面都应同时垂直于轨道。这里用两次成像法给以说明，如图 1-8 所示，当物屏 Q 与像屏 P 相距 $D>4f$，且透镜沿主光轴移动时，两次成像位置分别是 P_1、P_2，一个是放大的像，一个是缩小的像，若物中心处于透镜光轴上，大像的中心点与小像的中心点重合，若大像中心点在小像中心点之下(或之右)，则物中心 P 必在主光轴之上(或之左)。调节时使两次成像中心重合并位于光屏的中心，依次反复调节，便可调好。

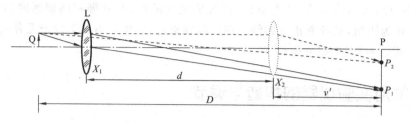

图 1-8 两次成像法测凸透镜焦距

2. 测微目镜

1) 测微目镜的构造及读数方法

测微目镜一般用在光学精密测量仪器上,在读数显微镜、调焦望远镜、各种测长仪、测微准直管上都可装用。测微目镜也可单独使用,主要用来测量由光学系统所成实像的大小。它的测量范围较小,但准确度较高。

下面以实验室常用的 JJC-2 型测微目镜为例,说明它的构造原理和使用方法。JJC-2 型测微目镜由目镜光具组、分划板、读数鼓轮和接头等装置组合而成。

(1) JJC-2 型测微目镜的技术指标。

测微精度:小于 0.01 mm

测微鼓轮的分度值:0.01 mm

测量范围:0~10 mm

(2) JJC-2 型测微目镜的外形和构造分别如图 1-9 和图 1-10 所示。

图 1-9 测微目镜外形

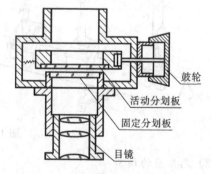

鼓轮
活动分划板
固定分划板
目镜

图 1-10 测微目镜构造

测微目镜可装配在各种显微镜和准直管(或其他类似仪器)上使用。打开目镜本体匣,可以看到测微目镜的内部结构,如图 1-11 所示。

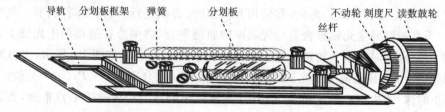

导轨 分划板框架 弹簧 分划板 不动轮 刻度尺 读数鼓轮
丝杆

图 1-11 测微目镜内部结构

（3）读数方法。

　　毫米刻度的分划板如图 1-12 所示，它被固定在目镜的物方焦面上，在分划板上刻有十字叉丝。分划板框架通过弹簧与测微螺旋的丝杆相连，当测微螺旋（与读数鼓轮相连）转动时，丝杆就推动分划板的框架在导轨内移动，这时目镜中的十字叉丝将沿垂直于目镜光轴的平面横向移动。读数鼓轮每转动一圈，竖线和十字叉丝就移动 1 mm。由于鼓轮上的周边叉丝分成 100 小格，因此，鼓轮每转过一小格，叉丝就移动 0.01 mm。测微目镜读数装置构造类似于千分尺，读数时，先在螺母套管的标尺上读出 1.0 mm 以上的读数，再由微分筒圆周上与螺母套管横线对齐的位置上读出不足 1.0 mm 的数值，再估读一位，求出三者之和即可。

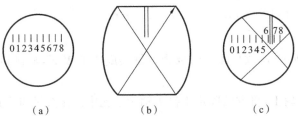

图 1-12　刻度尺和分划板

　　读数可分两步：首先，观察固定标尺读数准线（即微分筒前沿）所在的位置，可以从固定标尺上读出整数部分，每格 1.0 mm；其次，以固定标尺的刻度线为读数准线，读出 1.0 mm 以下的数值，估计读数到最小分度的 1/10，然后三者相加。

　2）使用测微目镜的注意事项

　　（1）读数鼓轮每转一周，叉丝移动距离等于螺距，由于测微目镜的种类繁多，精度不一，因此使用时，首先要确定分度值。

　　（2）使用时先调节目镜，使测量准线（叉丝）在视场中清晰可见，再调节物像，使之与测量准线无视差地对准后，方可进行测量。测量时，必须使测量准线的移动方向和被测量的两点之间连线的方向平行，否则实测值将不等于待测值。

　　（3）由于分划板的移动是靠测微螺旋丝推动，但螺旋和螺套之间不可能完全密合，存有间隙。如果螺旋转动方向发生改变，则必须转过这个间隙后，叉丝才能重新跟着螺旋移动，因此，当测微目镜沿相反方向对准同一测量目标时，两次读数将不同，由此产生了测量回程误差。为了防止出现回程误差，每次测量时，螺旋应沿同一方向旋转，不要中途反向，若旋过了头，必须退回一圈，再从原方向推进、对准目标、进行重测。

　　（4）旋转测微螺旋时，动作要平稳、缓慢，若已到达一端，则不能再强行旋转，否则会损坏螺旋。

　　（5）如果测量平面和测微目镜支架的中心面不重合，则在做有关距离的计算时，应作相应的修正。

　3. 读数显微镜

　1）技术指标
　JCD-3 型读数显微镜的技术指标如表 1-1 所示。

表 1-1　JCD-3 型读数显微镜技术指标

物 镜		目 镜		显微镜放大倍数	工作距离 /mm	视场直径 /mm
放大倍数	焦距/mm	放大倍数	焦距/mm			
3×/0.07	41.47	10×	24.99	30×	54.06	4.8

(1) 仪器的测量范围:纵向 50 mm,最小读数值 0.01 mm;升降方向 40 mm,最小读数值 0.1 mm。

(2) 测量精度:纵向测量精度为 0.02 mm。

(3) 观察方式:45°斜视。

(4) 仪器外形尺寸:195 mm×155 mm×285 mm。

2) 机械系统

(1) 如图 1-13 所示,读数显微镜的载物台是其底座的表面,显微镜固定在底座上,读数装置固定在显微镜。

(2) 利用锁紧手轮Ⅰ,将方轴固定于接头轴十字孔中。接头轴可在底座中旋转、升降,用锁紧手轮Ⅱ紧固。

(3) 根据使用要求,不同方轴可插入接头轴另一个十字孔中,使镜筒处于水平位置。

(4) 压片用来固定被测件。

(5) 旋转反光镜旋轮调节反光镜方位。

(6) 为便于做牛顿环实验,本仪器还配备了半反镜附件(图 1-13 中无)。

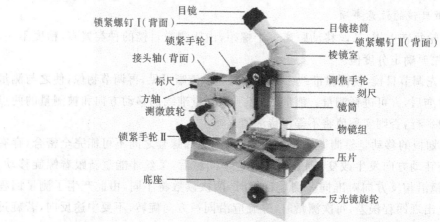

图 1-13　读数显微镜结构

3) 光学系统

(1) 读数显微镜的目镜可用锁紧螺钉Ⅰ固定于任一位置。

(2) 棱镜室可在 360°方向上旋转。

(3) 物镜组用螺纹拧入镜筒内。

(4) 转动调焦手轮可以调整显微镜筒与物的距离,使待测物成像清楚且无视差。

4) 读数系统

读数显微镜的读数装置构造类似于千分尺的,当转动测微鼓轮时,显微镜沿燕尾导轨作纵向移动,从目镜中可以看到,十字叉丝在视场中移动,从刻尺和测微鼓轮上就可以读出十字叉丝的移动距离。固定标尺内螺杆的螺距为 1 mm,测微鼓轮转一圈,镜筒移动 1 mm,测微鼓轮上刻有 100 个等分格,鼓轮转动一格,镜筒移动 0.01 mm,所以读数显微镜的分度值为 0.01 mm,具体测量时还可以估读到千分之一毫米位。

4. 分光计

分光计是一种常用的光学仪器,也是一种精密的测角仪,在几何光学实验中,主要用来测定棱镜顶角、光束的偏向角等;而在物理光学实验中,加上分光元件(棱镜、光栅)可作为分光计器,用来观察光谱、测量光谱线的波长等。

例如,利用光的反射原理测量棱镜的角度;利用光的折射原理测量棱镜的最小偏向角,计算棱镜玻璃的折射率和色散率;可与光栅配合,做光的衍射实验,测量光波波长和角色散率;若和偏振片、波片配合,可做光的偏振实验等。

分光计的型号很多,常用的有 JJY、FGY 两种,主要技术参数如表 1-2 所示。

表 1-2　JJY、FGY 型分光计的主要技术参数

分光计型号	自准直望远镜			平行光管		刻 度 盘			载 物 台	
	物镜焦距/mm	目镜焦距/mm	放大倍数	物镜焦距/mm	狭缝调节范围/mm	度盘读数范围	游标读数值	最小读数值	旋转角度	升降范围/mm
FGY-01 型	168	24.3	7×	168	0~2	0~360°	30″	15″	0~360°	45
JJY 型	168	24.3	5×	168	0~2	0~360°	1′	30″	0~360°	20

1) 分光计的结构和调整原理

分光计是用来测量角度的光学仪器,JJY、FGY 两种型号分光计的结构、调整方法基本相同。下面以 JJY 型分光计为例来说明。图 1-14 所示的是 JJY-1 型分光计的外形和结构图。分光计的下部是一个三脚底座,其中心有竖轴,称为分光计的中心轴,轴上装有可绕轴转动的望远镜和载物台,在一个底脚的立柱上装有平行光管。要测准入射光和出射光传播方向之间角度,根据反射定律和折射定律,分光计必须满足下述要求:入射光和出射光应当是平行光;入射光线、出射光线与反射面(或折射面)的法线所构成的平面应该与分光计的刻度圆盘平行。

由图 1-14 可知,任何一台分光计必须具有平行光管、望远镜、载物台、读数装置四个主要部件。平行光管部分由狭缝、紧固螺钉、平行光管、平行光管光轴水平调节螺钉、平行光管倾斜度调节螺钉和狭缝宽度调节手轮组成。望远镜部分由望远镜物镜、紧固螺钉、分划板、目镜(带调焦手轮)、望远镜倾斜度调节螺钉、望远镜光轴水平调节螺钉、支臂、游标圆盘微调螺钉、制动架和望远镜紧固螺钉组成。载物台部分由载物台、载物台调平螺钉(3 只)和载物台紧固螺钉组成。读数装置由读数刻度盘制动螺钉、读数刻度盘、游标圆盘、游标盘微调螺钉和游标盘制动螺钉组成。其他还包括制动架、底座、转座和立柱等。

各部分的结构和原理介绍如下。

(1) 平行光管结构及原理。

平行光管是提供平行入射光的部件。它是装在柱形圆管一端的一个可伸缩的套筒,

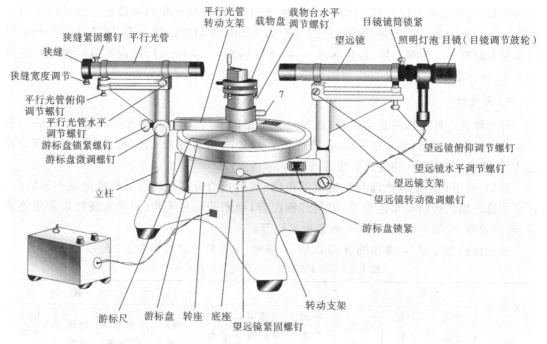

狭缝紧固螺钉　平行光管
狭缝
狭缝宽度调节
平行光管俯仰
调节螺钉
平行光管水平
调节螺钉
游标盘锁紧螺钉
游标盘微调螺钉
立柱
平行光管转动支架
载物盘
载物台水平调节螺钉
望远镜
目镜镜筒锁紧
照明灯泡　目镜（目镜调节鼓轮）
望远镜俯仰调节螺钉
望远镜水平调节螺钉
望远镜支架
望远镜转动微调螺钉
游标盘锁紧
游标尺　游标盘　转座　底座　望远镜紧固螺钉　转动支架

图 1-14　分光计结构

套筒末端有一狭缝，筒的另一端装有消色差的会聚透镜。当狭缝恰位于透镜的焦平面上时，平行光管就射出平行光束，如图 1-15 所示。狭缝的宽度由狭缝宽度调节手轮调节。平行光管的水平度可用平行光管倾斜度调节螺钉调节，以使平行光管的光轴和分光计的中心轴垂直。

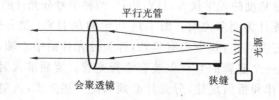

平行光管
会聚透镜　狭缝　光源

图 1-15　平行光管示意图

（2）望远镜结构及原理。

望远镜用来观察和确定光束的行进方向，它是由物镜、目镜及分划板组成的一个圆管。常用的目镜有高斯目镜和阿贝目镜两种，都属于自准目镜，JJY-1 型分光计使用的是阿贝自准目镜，所以其望远镜称为阿贝自准直望远镜，结构如图 1-16 所示。

从图中可见，目镜装在 A 筒中，分划板装在 B 筒中，物镜装在 C 筒中，并处在 C 筒的端部。其中分划板上刻的是"╪"形的准线（不同型号准线不相同），边上粘有一块 45°全反射小棱镜，其表面上涂了不透明薄膜，薄膜上刻了一个空心十字窗口，小电珠光从管侧射入后，调节目镜前后位置，可在望远镜目镜视场中看到图 1-16(a) 中的镜像。若在物镜前放一平面镜，前后调节目镜（连同分划板）与物镜的间距，使分划板位于物镜焦平面上时，小电珠发出的光透过空心十字窗口，经物镜后成平行光射于平面镜，反射光经物镜后在分划板上形成十字窗口的像。若平面镜镜面与望远镜光轴垂直，此像将落在"╪"准线上部的交叉点上，如图 1-16

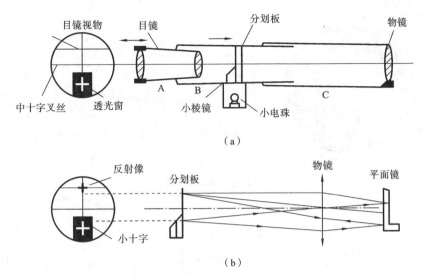

图 1-16　望远镜示意图

(b)所示。

　　(3) 载物台的调整。

　　载物台是用来放置待测物件的,台上附有夹持待测物件的弹簧片。

　　台面下方装有三个调平螺钉,用来调整台面的倾斜度。这三个螺钉的中心形成一个正三角形。松开载物台紧固螺钉,载物台可以单独绕分光计中心轴转动或升降。拧紧载物台紧固螺钉,它将与游标盘固定在一起。游标盘可用游标圆盘制动螺钉固定。

　　(4) 读数装置的使用方法。

　　读数装置是由读数刻度盘和游标圆盘组成的,如图 1-17(a)所示。刻度圆盘为 360°(720个刻度)。所以,最小刻度为半度(30′),小于半度则利用游标读数。游标上刻有 30 个小格,游标每一小格对应角度为 1′。

　　角度游标读数的方法与游标卡尺的读数方法相似,如图 1-17(b)所示的位置,其读数为 $\theta = A + B = 139°30′ + 14′ = 139°44′$。

　　两个游标对称放置,是为了消除刻度盘中心与分光计中心轴线之间的偏心差。测量时,要同时记下两游标所示的读数。

　　望远镜、载物台和刻度圆盘的旋转轴线应该与分光计中心轴线重合,平行光管和望远镜的光轴线必须在分光计中心轴线上相交,平行光管的狭缝和望远镜中的叉丝应该被它们的光轴线平分。但在分光计的制造过程中总存在一定的误差,为了消除刻度盘与分光计中心轴线之间的偏心差,在刻度圆盘同一直径的两端各装有一个游标。测量时,两个游标都应读数,然后算出每个游标两次读数的差,再取其平均值。这个平均值就可以作为望远镜(或载物台)转过的角度,以消除偏心差,如图 1-17(c)所示。

　　2) 分光计的调整

　　分光计在用于测量前必须进行严格的调整,否则将会引入很大的系统误差。一架已调整好的分光计应具备下列三个条件:① 望远镜聚集于无限远;② 望远镜和平行光管的光轴与分光计的主轴相互垂直;③ 平行光管射出的光是平行光。具体调节步骤如下。

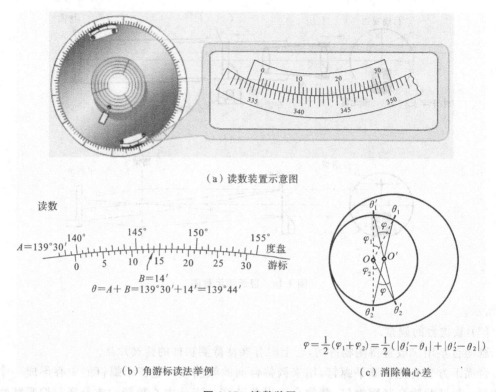

（a）读数装置示意图

读数

$A=139°30'$

$B=14'$

$\theta=A+B=139°30'+14'=139°44'$

$\varphi=\frac{1}{2}(\varphi_1+\varphi_2)=\frac{1}{2}(|\theta_1'-\theta_1|+|\theta_2'-\theta_2|)$

（b）角游标读法举例　　　　　（c）消除偏心差

图 1-17　读数装置

（1）目测粗调。

目测粗调就是凭调试者的直观感觉进行调整。先分别松开望远镜和平行光管的紧固螺钉。调节平行光管倾斜度调节螺钉和望远镜倾斜度调节螺钉，使两者目测呈水平。再调节载物台倾斜度调平螺钉，使载物台呈水平，或者使载物台上层圆盘和下层圆盘之间有 3 mm 左右的等间隔，且两者平行。

（2）调节望远镜聚集于无限远处（用自准直法）。

① 目镜调节：调节望远镜目镜的调焦手轮，使在目镜视场中看清分划板上的双十字准线及下部小棱镜上的"＋"字，如图 1-18（a）所示。

将平面反射镜按图 1-19 所示的方位放置在载物台上。若要调节平面反射镜的俯仰，只需要调节载物台下的螺钉 a_2 或 a_3 即可，而螺钉 a_1 的调节与平面镜的俯仰无关。将望远镜对准平面反射镜的一个光学平面，由于望远镜中光源已照亮了目镜中的 45°棱镜上的"＋"字，所以该"＋"字发出的光从望远镜物镜中射出，到达平面反射镜的光学表面时，只要平面反射镜的一面与望远镜光轴垂直，则反射后的反射光就会重新回到望远镜中，那么在望远镜的目镜视场中除了看到原来棱镜上的"＋"字外，还能看到经棱镜表面反射回来的"＋"字。若看不到该像，可将望远镜绕主轴左右慢慢旋转仔细寻找该像；如果仔细搜寻后仍找不到"＋"字，则表明反射光线根本没进入望远镜，此时需要重新进行目测粗调。

转动载物台，使望远镜对准平面反射镜的另一光学平面，这时也应在目镜视场中看到反射回来的"＋"字，如图 1-20 所示；否则，再调整望远镜倾角和平台倾角。

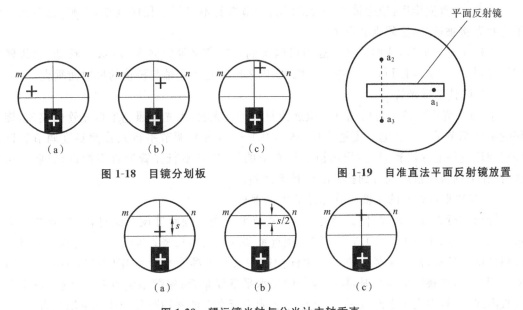

图 1-18　目镜分划板　　　　　　　图 1-19　自准直法平面反射镜放置

图 1-20　望远镜光轴与分光计主轴垂直

② 望远镜聚焦于无限远处：调节物镜，在望远镜中看到"＋"字后，前后拉动望远镜目镜，使小"＋"字像清晰且与双"＋"字准线间无视差，此时望远镜已聚焦在无限远处，这时要旋紧望远镜目镜筒制动螺钉。

（3）调整望远镜的光轴，使之与分光计主轴垂直。

望远镜光轴与分光计光轴垂直，才能够确保分度盘上转过的角度代表望远镜光轴转过的角度。望远镜的光轴与分光计主轴垂直的标志是望远镜旋转平面应与分度盘平面平行、载物台平面与分光计光轴垂直。因此，调节时要根据在目镜中观察到的现象，同时调节望远镜倾角和载物台平面的倾角，一般采用二分之一逐次逼近法来调整，如图 1-20 所示。

经过上述的调节，在目镜视场中已可看到三棱镜的两个光学平面反射回来的小"＋"字像都在准线 mn 上，但一般开始时该像并不在线 mn 上。

例如，由三棱镜 AB 面反射回来的"＋"字像一般在 mn 线下方，距 mn 线距离为 s，现在分别调节望远镜倾斜度调节螺钉，使"＋"字像向 mn 线靠拢一半，如图 1-20(b)所示；再调节载物台调平螺钉（调 AB 所对的螺钉 a_1）使"＋"字像落到 mn 线上；再转动平台，使棱镜的另一个面 AC 对准望远镜，这时 AC 面反射回来的"＋"字像又不在 mn 线上了，可能距 mn 线 s'，可能在 mn 线上方，也可能在下方，这时再调节望远镜倾斜度调节螺钉，使"＋"字像向 mn 线靠拢一半，即使它距离 mn 线 $s'/2$，再调节载物台调平螺钉（调 AC 面所对的螺钉 a_2），使"＋"字像回到 mn 线上，如图 1-20(c)所示。然后再转动平台，使棱镜 AB 面重新对准望远镜，原来已把 AB 面反射回来的"＋"字像调到 mn 线上，现在可能又偏离 mn 线，因此再调节望远镜倾斜度调节螺钉，使"＋"字像向 mn 线靠拢一半，再调载物台调平螺钉，使"＋"字像再度与 mn 线重合。然后再让棱镜 AC 面对着望远镜，如果"＋"字像又偏离 mn 线，则再按上述方法调节，使"＋"字像再回到 mn 线，这样把 AB、AC 面轮流对准望远镜，反复调节，使这两个面反射回来的"＋"字像都在 mn 线上，如图 1-20(c)所示，这样才表明调整完毕。

注意,调整完毕后,望远镜与平台的倾斜调节螺钉不可再作任何调整,否则,已调整好的垂直状态将被破坏,必须重新调节。

上述调整完成后,我们转动望远镜可以看到小"+"字像始终在 mn 线上移动,如果转动望远镜,使"+"字像移到 mn 线中央竖线处,则表明望远镜光轴与棱镜的反射面垂直。

(4)调整平行光管。

① 点亮光源预热。将已调好的望远镜对准平行光管,用光源照亮平行光管的狭缝,旋动狭缝宽度调节手轮使狭缝宽度适中(一般为 0.5~1 mm),调节平行光管倾斜度调节螺钉并旋转望远镜使它对准狭缝,在望远镜中看到窄的像,松开平行光管的紧固螺钉,前后移动狭缝,使在望远镜中清晰地看到狭缝的像且无视差。

② 调整平行光管的光轴与分光计的主轴垂直。

转动平行光管的狭缝,使狭缝呈水平,调节平行光管倾斜度调节螺钉,使狭缝像与中央水平准线重合,如图 1-21(a)所示。转动望远镜狭缝像与中央竖直准线重合,再调节平行光管倾斜度调节螺钉,使处于竖直位置的狭缝像被中央水平准线平分,如图 1-21(b)所示。如此反复调几次,使狭缝呈水平时,狭缝像与中央水平准线重合;狭缝呈竖直时,狭缝像位于中央竖直准线处,被中央水平准线平分,这样才表明平行光管的光轴与分光计的主轴垂直。

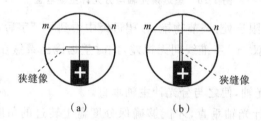

狭缝像   (a)   (b)   狭缝像

图 1-21 平行光管光轴与分光计主轴垂直

完成上述调节后,分光计才算调好。

1.4 光学实验中常用光源

能够发光的物体统称为光源。实验室中常用的光源是将电能转换为光能的光源——电光源。常见的有热辐射光源、气体放电光源和激光光源三类。

1.4.1 热辐射光源

常用的热辐射光源是白炽灯,白炽灯有下列几种。

(1)普通灯泡:作白色光源,应按仪器要求和灯泡上指定的电压使用,如光具座、分光计、读数显微镜等。

(2)汽车灯泡:因其灯丝线度小,亮度高,常用作点光源或发散光源;也应按规定的额定电压值使用。

(3)标准灯泡:在灯泡内加入碘或溴元素制成,常用的有碘钨灯和溴钨灯。碘或溴原子在灯泡内与经蒸发而沉积在泡壳上的钨化合,生成易挥发的碘化钨或溴化钨。这种卤化物扩散到灯丝附近时,因温度高分解,分解出来的钨重新沉积在钨丝上,形成卤钨循环。因此,碘钨灯或溴钨灯寿命比普通灯寿命长得多,发光效率高,光色也较好。

1.4.2　气体放电光源

（1）钠灯和汞灯。

实验室常用的钠灯和汞灯（又称水银灯）作为单色光源,它们的工作原理都是以金属 Na 或 Hg 蒸气在强电场中发生的游离放电现象为基础的弧光放电灯。

在 220 V 额定电压下,当钠灯灯管壁温度升至 260 ℃时,管内钠蒸气的气压约为 3×10^{-3} 托（大气压单位 1 托＝133.32 Pa）,发出波长为 589.0 nm 和 589.6 nm 的两种单色黄光最强,可达 85%,而其他几种波长为 818.0 nm 和 819.1 nm 等光仅有 15%。所以,在一般应用时取 589.0 nm 和 589.6 nm 的平均值 589.3 nm 作为钠灯的波长值。

汞灯可按其气压的高低,分为低压汞灯、高压汞灯和超高压汞灯。低压汞灯最为常用,其电源电压与管端工作电压分别为 220 V 和 20 V,正常点燃时发出青紫色光,其中主要包括七种可见的单色光,它们的波长分别是 612.35 nm（红）、579.07 nm 和 576.96 nm（黄）、546.07 nm（绿）、491.60 nm（蓝绿）、435.84 nm（蓝紫）、404.66 nm（紫）。

使用钠灯和汞灯时,灯管必须与一定规格的镇流器（限流器）串联后才能接到电源上去,以稳定工作电流。钠灯和汞灯点燃后一般要预热 3～4 min 才能正常工作,熄灭后也需冷却 3～4 min 后,方可重新开启。

（2）氢放电管（氢灯）。

它是一种高压气体放电光源,它的两个玻璃管中间用弯曲的毛细管连通,管内充氢气。在管子两端加上高电压后,氢气放电发出粉红色的光。氢灯的工作电流约为 115 mA,启辉电压约为 8000 V,当 200 V 交流电输入调压变压器后,调压变压器输出的可变电压接到氢灯变压器的输入端,再由氢灯变压器输出端向氢灯供电。

在可见光范围内,氢灯发射的原子光谱线主要有三条,其波长分别为 656.28 nm（红）、486.13 nm（青）、434.05 nm（蓝紫）。

1.4.3　激光光源

激光是 20 世纪 60 年代诞生的新光源。激光器的发光原理是受激发射而发光。它具有发光强度大、方向性好、单色性强和相干性好等优点。激光器的种类很多,如氦氖激光器、氦镉激光器、氩离子激光器、二氧化碳激光器、红宝石激光器等。

实验室中常用的激光器是氦氖（He-Ne）激光器。它由氦氖混合气体、激励装置和光学谐振腔三部分组成。氦氖激光器发出的光波波长为 632.8 nm,输出功率在几毫瓦到十几毫瓦之间,多数氦氖激光管的管长为 200～300 mm,两端所加高压是由倍压整流或开关电源产生的,电压高达 1500～8000 V,操作时应严防触及,以免造成触电事故。由于激光束输出的能量集中,强度较高,使用时应注意切勿迎着激光束直接用眼睛观看。

目前,气体放电灯的供电电源广泛采用电子整流器,这种整流器内部由开关电源电路组成,具有耗电小、使用方便等优点。

光学实验中,常把光束扩大或产生点光源以满足具体的实验要求,图 1-22、图 1-23 表示两种扩束的方法,它们分别提供球面光波和平面光波。

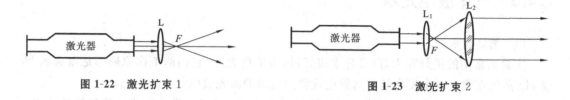

图 1-22 激光扩束 1   图 1-23 激光扩束 2

1.5 光学仪器的正确使用与维护

一个实验工作者不但要爱护自己的眼睛,还要十分爱惜实验室的各种仪器。实践证明,只有认真注意保养和正确地使用仪器,才能使测量得到符合实际的结果,同时这也是培养良好实验素质的重要方面。由于光学仪器一般比较精密,光学元件表面加工(磨平、抛光)也比较精细,有的还镀有膜层,且光学元件大都是由透明、易碎的玻璃材料制成,使用时一定不能粗心大意。如果使用和维护不当,很容易造成不必要的损坏。

1. 光学仪器常见损坏现象

1)破损

发生磕碰、跌落、震动或挤压等情况,均会造成光学元件的破损,以致光学元件的部分或全部无法使用。

2)磨损

由于用手和其他粗糙的东西擦拭光学元件的表面,致使光学表面(光线经过的表面)留下擦不掉的划痕,结果严重地影响了光学仪器的透光能力和成像质量,甚至无法进行观察和测量。

3)污损

在拿取光学元件不合规范时,手上的油污、汗或其他不洁液体沉淀在元件的表面上时,会使光学仪器表面留下污迹斑痕,对于镀膜的表面,问题将更会严重,若不及时清除,将降低光学仪器的透光性能和成像质量。

(1)发霉生锈:对仪器保管不善,光学元件长期在空气潮湿、温度变化较大的环境下使用,因粘污霉菌所致,光学仪器的金属机械部分也会产生锈斑,使光学仪器失去原来的表面粗糙度,影响仪器的精度、寿命和外观。

(2)腐蚀,脱胶:光学元件表面因受到酸、碱等化学物品的作用时,会发生腐蚀现象。如有苯、乙醚等试剂流到光学元件之间或光学元件与金属的胶合部分,就会发生脱胶现象。

2. 使用和维护光学仪器的注意事项

(1)在使用仪器前必须认真阅读仪器使用说明书,详细了解所使用的光学仪器的结构、工作原理、使用方法和注意事项,切忌抱着试试看的心理盲目动手。

（2）使用和搬动光学仪器时,应轻拿轻放,谨慎小心,避免受震、碰撞,更要避免跌落地面。光学元件使用完毕,不应随便乱放,要做到物归原处。

（3）仪器应放在干燥、空气流通的实验室内,一般要求保持空气相对湿度为 60%～70%,室温变化不能太快和太大。也不应让含有酸性或碱性的气体侵入。

（4）保护好光学元件的光学表面,绝对禁止用手触摸,只能用手接触经过磨砂的"毛面",如透镜的侧边、棱镜的上下底面等。若发现光学表面有灰尘,可用毛笔、镜头纸轻轻擦拭。也可用清洁的空气球吹去;如果光学表面有脏物或油污,则应向教师说明,不要私自处理;对于没有镀膜的表面,可在教师的指导下,用干净的脱脂棉花蘸上清洁的溶剂（酒精、乙醚等）,仔细地将污渍擦去,不要让溶剂流到元件胶合处,以免脱胶;对于镀有膜层的光学元件,则应由指导教师作专门的技术处理。

（5）对于光学仪器中的机械部分应注意添加润滑剂,以保持各转动部分灵活自如、平稳连续,并注意防锈,以保持仪器外貌光洁美观。

（6）仪器长期不使用时,应将仪器放入带有干燥剂（硅胶）的木箱内,防止光学元件受潮、发生霉变,并做好定期检查,发现问题及时处理。

2

几何光学

2.1　光学实验常用仪器的结构与调节实验

2.1.1　实验目的

了解显微镜、望远镜的基本构造,学会调校、使用显微镜、望远镜等光学仪器。

2.1.2　实验仪器

实验仪器包括显微镜、望远镜等。

2.1.3　实验原理

1. 显微镜结构和使用

1) 显微镜原理

显微镜是人们用以观察小物体和认识微观世界的重要手段及工具,是一种极为重要的目视光学仪器。其基本组成是显微物镜和目镜两大部分。如图 2-1 所示,被观察的目标经显微镜光学系统成像而被放大,由于先后经过显微物镜和目镜组的两次放大,因此显微镜的放大率 Γ 是显微物镜放大率 β 和目镜放大率 τ_e 的乘积,如下式所示。

$$\Gamma=\beta\tau_e=-\frac{\Delta\times250}{f_o'f_e'} \tag{2-1}$$

由几何光学知识可知,物镜的垂轴放大率 $\beta=-\dfrac{\Delta}{f_o'}$,目镜的放大率 $\tau_e=\dfrac{250}{f_e'}$,根据式(2-1)分别测量出显微物镜的垂轴放大率 β 和目镜的放大率 τ_e,即可计算出显微镜的放大率 Γ。

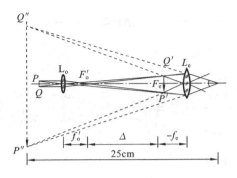

图 2-1 显微镜原理图

2）显微镜的结构

机械装置：由镜座、镜臂、镜筒与物镜转移器、载物台、移动器粗细调节器组成。

光学系统：由目镜、物镜、聚光镜、反光镜、光圈组成。

（1）目镜：装在镜筒的上端，一般有 $8\times$、$10\times$、$15\times$、$16\times$ 等不同的放大倍数。目镜只能把物镜成的像再次放大，没有辨析能力。

（2）物镜：显微镜的物镜由一组特殊的透镜组成。一般有低倍镜（$10\times$）、中倍镜（$40\times$）和高倍镜（$100\times$）三类，它们各有一定的放大率，不仅可以放大标本，而且有辨析能力。

低倍镜视野的实际范围最大，易于发现目标，但不易看清微生物个体的形态。

高倍镜视野的实际范围较低倍镜的小，可以看清个体较大的微生物个体或菌丝体形态，但对个体较小的微生物以及其内含物和特殊结构也无法辨清。

3）读数显微镜

读数显微镜是一种精密测长仪器。仪器的主要部分由长焦距显微镜和一个可以安装显微镜以及由丝杆拖动的精密滑动台组成。装有显微镜的滑动台可沿不同方向固定在载物台的底座上。测量时调节显微镜分别对被测两点成像。两点间的距离直接从读数装置上读出。读数装置由毫米标尺和格值为 0.01 mm 的读数鼓轮构成。被测距离的毫米整数部分由标尺读出，小数部分由鼓轮值数读出。

2. 望远镜原理及放大率公式

望远镜通常是由两个共轴光学系统组成，我们把它简化为两个凸透镜，其中长焦距的凸透镜作为物镜，短焦距的凸透镜作为目镜。两透镜的光学间隔近乎为零，即物镜的像方焦点和目镜的物方焦点近乎重合。

图 2-2 所示的是开普勒望远镜的光路示意图，图中 L_o 为物镜，L_e 为目镜。物镜的作用是将远处物体 PQ 发出的光经会聚后在目镜的物方焦平面上生成一倒立的实像 $P'Q'$，像 $P'Q'$ 一般是缩小的，近乎处于目镜的物方焦平面上，而目镜起一放大镜作用，把物方焦平面上的倒立实像 $P'Q'$ 再放大成一虚像 $P''Q''$，供人眼观察。

用望远镜观察不同位置的物体时，只需调节物镜和目镜的相对位置，使镜成的实像落在目镜的物方焦平面上，这就是望远镜的"调焦"。

通常，望远镜的放大率是指视角放大率，用 Γ 来表示。所谓视角放大率是指当人眼分别通过望远系统观察和直接观察同一物体时，在人眼视网膜上成像的大小之比，由理论计算可

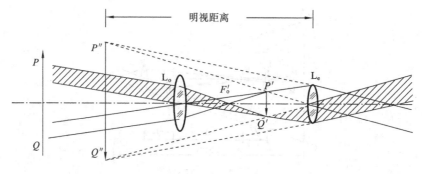

图 2-2 望远镜结构

知,望远系统($\Delta = 0$)的放大率为

$$\Gamma = -\frac{f'_o}{f'_e} \tag{2-2}$$

2.1.4 实验内容和步骤

1. 使用读数显微镜测量长度的步骤

(1) 将所需测量的样品放在载物台上夹住。

(2) 根据需要调整聚光镜、反光镜和光阑,使目镜得到强弱适当而均匀的视场。

(3) 调整读数显微镜,对准被测物体。调节显微镜的目镜,以便清楚看到叉丝。

(4) 先用粗调手轮把镜筒往下调,并从旁边严密监视,使物镜镜头慢慢靠近物体而又不接触;再从目镜中观察,并慢慢转动粗调手轮使镜筒上升(不许下降),使镜头与物间距离逐渐增大,直到观察到物体的像。如果被观察物体的像不在视场中间,可调节载物台移动手轮,将其移至视场中心进行观察。略微调节微调手轮,直到所观察到的像最为清晰。也就是说,先粗调,后微调。

(5) 沿测量方向移动显微镜,先让叉丝对准被测物体上的一点,记下读数,然后仍沿此方向移动显微镜,使叉丝对准被测物体的另一点再记下读数,两次读数之差即为被测两点之间沿测量方向的距离。在一次测量过程中,丝杆不可逆转以避免螺旋空回产生误差。

2. 掌握望远镜结构及原理

内容见第 1 章。

2.1.5 思考题

在实际测量过程中,怎样做到测微目镜的测量方向与被测方向一致?请举例说明。

2.2　薄透镜的成像特点、焦距测定实验

2.2.1　实验目的

（1）学习测量薄透镜焦距的几种方法。
（2）掌握透镜成像原理，观察薄凸透镜成像的几种主要情况。
（3）掌握简单光路的分析和调整方法。

2.2.2　实验仪器

实验仪器包括光具座、照明灯、凸透镜、平面镜、光屏、箭孔板、支架等。

2.2.3　实验原理

1. 薄透镜成像公式

由两个共轴折射曲面构成的光学系统称为透镜。若透镜的两个折射曲面在其光轴上的间隔（即厚度）与透镜的焦距相比可忽略，则称之为薄透镜。透镜可分为凸透镜和凹透镜两类。凸透镜具有使光线会聚的作用，凹透镜具有使光束发散的作用。

在近轴光线条件下，薄透镜成像的规律可表示为

$$\frac{1}{l'}-\frac{1}{l}=\frac{1}{f'} \tag{2-3}$$

由式（2-3）可知，如果一个薄透镜的焦点位置已知，其成像性质就是确定的，就能对不同物距与物的大小求出像距和像的大小。反之，对于一个未知焦距的透镜，也可以根据它的物像关系，或选用特殊的物距、像距，利用式（2-3）把焦点位置计算出来。

2. 凸透镜焦距的测量原理

（1）自准直法。

如图 2-3 所示，当物体处在凸透镜的焦平面上时，物体上各点发出的光线经过透镜折射后成为平行光，如果在透镜 L 的像方用一个与主光轴垂直的平面镜代替像屏，平面镜将此平行光反射回去，反射光再次通过透镜后仍会聚于透镜的焦平面上，其会聚点将在物体各点相对于光轴的对称位置上。此时物与透镜之间的距离即为该透镜的焦距 f。这种测量透镜焦距的方法称为自准直法，能比较迅速、直接测得焦距。

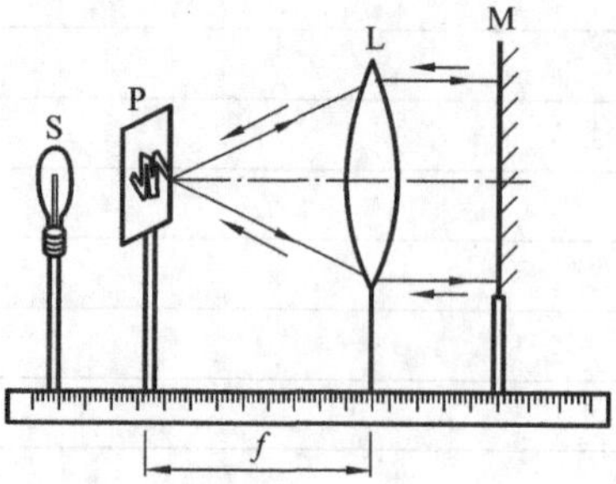

（2）物距像距法。

图 2-3　自准直法测透镜焦距

根据式(2-3),只要测出物距 l 和像距 l',即可求出透镜的焦距。

(3) 位移法(共轭法)。

如图 2-4 所示,使物屏与像屏之间的距离 L 大于 $4f'$,沿光轴方向移动透镜,当其光心分别位于 O_1 和 O_2 位置时,在像屏上将分别获得一个放大的和一个缩小的像,设 O_1、O_2 之间的距离为 e。

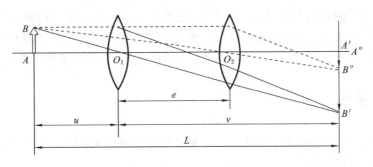

图 2-4   位移法测透镜焦距

可以证明:

$$f' = \frac{L^2 - e^2}{4L} \tag{2-4}$$

注意:采用此方法应注意 L 不可取得太大,否则,缩小像过小而不易准确判断成像位置。

2.2.4   实验内容和步骤

1. 光学元件同轴等高的调节

由于应用薄透镜成像公式必须满足近轴光线条件,因此应使各光学元件的主光轴重合,而且应使该光轴与光具座导轨平行。这一调节称为同轴等高调节。

先粗调,即将透镜、物屏、像屏等安置在光具座上并将它们靠拢,调节高低、左右位置,使光源、物屏、像屏与透镜的中心大致在一条和导轨平行的直线上,并使各元件的平面互相平行且垂直于导轨。再细调,主要依靠成像规律进行调节,使系统达到同轴等高要求。

2. 凸透镜焦距的测定

(1) 自准直法(选做)。

将照明灯 S、带箭矢的物屏 P、凸透镜 L、平面镜 M 按图 2-3 所示依次安置在光具座上,按粗调的方法将各元件基本调整为同轴等高。改变凸透镜至物屏的距离,直至物屏上箭矢附近出现一个清晰的倒置像为止。调节凸透镜的高低、左右位置,观察像位置的变化,若倒像与物(箭矢)大小相等完全重合且图像清晰,则表明透镜中心与物中心已处于同轴等高的位置。记下接收屏 P 与透镜 L 所在位置,其间距即为凸透镜 L 的焦距。重复测量三次,求出平均值 f'。

(2) 观察凸透镜成像规律并用物距像距法测出凸透镜焦距(必做)。

① 依次使物距 $2f' < |l|$、$|l| = 2f'$、$f' < |l| < 2f'$ 或处于 $|l| < f'$ 范围,观察成像的位置及像的特点(大小、正倒、虚实),并画出相应的光路图;总结物距变化时相应的像距变化规

律;根据放大镜、幻灯机、照相机的成像原理,说明各自应使用哪一种光路。

② 使物距约等于 $2f'$,用左右逼近法测出相应的成像位置,按式(2-1)计算透镜焦距 $2f$,重复测量三次,求出平均值及其误差,正确表示测量结果。

(3) 位移法(选做)。

按图 2-4 所示的布置,将被光源照明的物屏、透镜、像屏放置在光具座上,调成同轴等高。取物屏与像屏之间的距离 $L>4f'$;移动透镜,当像屏上分别出现清晰的放大像和缩小像时,也用左右逼近的方法,记录透镜位置 O_1、O_2 的左右读数值,测出 O_1、O_2 的距离 e,重复测量三次,根据式(2-4),分别计算出对应于每一组 L、e 值的焦距 f',然后求出焦距的平均值。

2.2.5 思考题

在光学实验中,为什么要对光学系统各部件进行同轴等高调节? 如何判断光学系统各部件已满足同轴等高要求?

附:透镜成像规律如表 2-1 所示。

表 2-1 透镜成像规律记录表

透镜种类	物体位置 l	像的位置 l'	物高 y	像高 y'	放大率 β	成像特性
正透镜	$l=\infty$					
	l 在 $-\infty$ 和 $2f$ 之间($l=$)					
	$l=2f$					
	l 在 $2f$ 和 f 之间($l=$)					
	$l=f$					
	l 在 f 和 0 之间($l=$)					
	$l=0$					
	l 在 0 和 $+\infty$ 之间($l=$)					

2.3 平行光管的调校、透镜焦距测量实验

2.3.1 实验目的

(1) 学习显微镜的使用。
(2) 学习平行光管调校。
(3) 掌握用焦距仪测量焦距的测试技术。

2.3.2 实验仪器

实验仪器包括焦距仪、可调式平面反射镜、测量显微镜、被测正透镜、白屏等。焦距仪的示意图如图 2-5 所示。

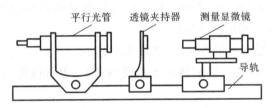

图 2-5 焦距仪示意图

(1) 平行光管就是产生平行光束的装置。常用的 CPG-550 型平行光管的光路与基本结构如图 2-6 所示。光源发出的光经分光板反射后照亮分划板。若分划板位于物镜焦平面上，则平行光管射出的光束就是平行光束。利用自准直原理可以检验平行光管射出光束的平行性。

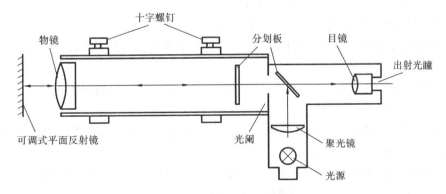

图 2-6 CPG-550 型平行光管光路与结构

平行光管中玻罗板上共有五对刻线，最外面的一对长刻线的间距为 20 mm，其余的每对刻线的间距依次分别为 10 mm、4 mm、2 mm、1 mm。

(2) 测量显微镜安装在一个可作纵向、横向移动和上下调节的底座上。在测量显微镜的目镜焦平面上装有固定的分划板,共分八格,格值为 1 mm,用于测量焦距时读取整数部分,小数部分由目镜测微鼓轮上读取。转动测微鼓轮时,可动分划板上的十字线及两垂直平行线同时移动,测微鼓轮每转一周,十字线移过固定分划板的一格,测微鼓轮斜面上刻有 100 格,格值为 0.01 mm。

2.3.3　实验原理

被测透镜位于平行光管物镜前,平行光管物镜焦平面上玻罗板的一对刻线成像在被测透镜的焦面上。用测微目镜直接测量刻线像的线距 y_0',被测透镜焦距按下式计算:

$$f' = f_c' \frac{y_0'}{y_0} \tag{2-5}$$

若通过测量显微镜测得刻线像的距离 y_0',则被测透镜焦距按下式计算:

$$f' = f_c' \frac{y_0'}{y_0 \beta} \tag{2-6}$$

式中:f_c' 为平行光管物镜焦距;y_0 为玻罗板上所选用线对的间距;β 为测量显微镜物镜的垂轴放大率;f_c' 和 y_0 是预先测出的已知值。

用此方法测量需要使用的设备简单,测量范围较大,测量精度较高,而且操作简便。这种方法主要用于测量望远物镜、照相物镜和目镜的焦距,也可以用于生产中检验正、负透镜的焦距和顶焦距。

2.3.4　实验内容和步骤

1) 调节平行光管

(1) 把平行光管按图 2-5 所示位置放好。

(2) 调节目镜,使从目镜中能清楚地看到十字线。

(3) 调节平面反射镜,使由平行光管射出的光束返回平行光管。

(4) 细心调节分划板座的前后位置,使从目镜中能清楚地看到十字线和反射回来的十字线的像。

(5) 调节平面反射镜的垂直和水平调节旋钮,使分划板十字线物像重合,且无视差,这时分划板刚好位于物镜的焦平面上。

(6) 松开平行光管管座上的十字螺钉,将平行光管旋转 180°。若分划板十字线物像不重合,则表明十字线中心不在光轴上。

(7) 分别调整平面反射镜及分划板中心调节旋钮,用 1/2 调节法进行调整,直到旋转平行光管时十字线的中心与它的自准直像始终重合为止。

(8) 重复步骤(6)、(7),直到转动平行光管时物像始终重合为止。

2) 测定透镜焦距

(1) 按图 2-7 所示,放置好准直管、待测透镜及测微目镜,并使之共轴。

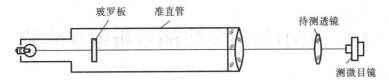

玻罗板   准直管   待测透镜   测微目镜

图 2-7   用平行光管测量透镜焦距装置图

（2）调节测量显微镜，首先把玻罗板的刻线像调到视场中，前后移动显微镜，若刻线像对称地弥散，表明显微镜光轴与平行光管、被测物镜的光轴一致。微调显微镜，使玻罗板的刻线像无视差地处于测微目镜分划板上。转动测微目镜，使其十字线移动方向与玻罗板刻线方向相垂直。

（3）用测微目镜测出玻罗板上的像上所选定的那组刻线读数 y'。

（4）以 y'_0 和玻罗板上线对的实测值 y_0、平行光管物镜焦距 f'_c，利用式（2-6）计算被测透镜的焦距 f'。

2.3.5   注意事项

为了达到预期的测量精度，在实验过程中还应注意以下两点：

（1）被测透镜的焦距最好不大于平行光管焦距的 1/2。

（2）在测量中，选择玻罗板上刻线间距 y_0 时应考虑被测透镜所允许的成像视场大小，在保证测量精度的前提下尽量选小一些，以减小轴外像差的影响。

附：透镜焦距测量记录与处理表，如表 2-2 所示。

表 2-2   透镜焦距测量记录与处理表

被测透镜编号：_____		
平行光管焦距	f'_c _____ mm	
测量显微镜物镜的倍率	$\beta=$ _____	
选用玻罗板刻线间距	$y_0=$ _____ mm	
复测	左刻线读数/mm	右刻线读数/mm
平均		
刻线像间距的测得值 $y'=$ _____ mm		
被测透镜焦距值 $f'=\dfrac{y'}{y_0\beta}f'_c=$ _____ mm		

2.4　最小偏向角法测量折射率实验

2.4.1　实验目的

（1）了解分光仪的结构，掌握分光仪的调节和使用方法。
（2）掌握测定棱镜顶角的方法。
（3）学会用最小偏向角法测定棱镜玻璃的折射率。

2.4.2　实验仪器

实验仪器包括 FGY-01 型（或 JJY 型）分光仪、三棱镜、平面镜、钠灯等。

2.4.3　实验原理

1. 测量三棱镜的顶角

三棱镜由两个光学面 AB 和 AC 及一个毛玻璃面 BC 构成。三棱镜的顶角是指 AB 与 AC 的夹角 α，如图 2-8 所示。自准直法就是使自准直望远镜光轴与 AB 面垂直，使三棱镜 AB 面反射回来的小十字像位于准线中央，由分光仪的度盘和游标盘读出这时望远镜光轴相对于某一个方位 OO' 的角位置 θ_1；再把望远镜转到与三棱镜的 AC 面并与之垂直，由分光仪度盘和游标盘读出这时望远镜光轴相对于 OO' 的方位角 θ_2，于是望远镜光轴转过的角度为 $\varphi = \theta_2 - \theta_1$，三棱镜顶角为

$$\alpha = 180° - \varphi$$

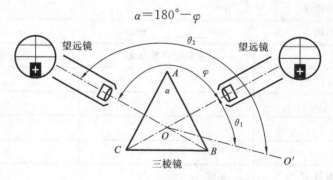

图 2-8　准直法测三棱镜顶角

由于分光仪在制造上的原因，主轴可能不在分度盘的圆心上，可能略偏离分度盘圆心，因此望远镜绕过的真实角度与分度盘上反映的角度有偏差，这种误差称为偏心差，是一种系统误差。为了消除这种系统误差，分光仪分度盘上设置了相隔 180°的两个读数窗口（A、B 窗口），而望远镜的方位 θ 由两个读数窗口读数的平均值来决定，而不是由一个窗口来读出，即

$$\theta_1 = \frac{(\theta_1^A + \theta_1^B)}{2}, \quad \theta_2 = \frac{(\theta_2^A + \theta_2^B)}{2} \tag{2-7}$$

于是，望远镜光轴转过的角度为

$$\varphi = \theta_2 - \theta_1 = \frac{|\theta_2^A - \theta_1^A| + |\theta_2^B - \theta_1^B|}{2} \tag{2-8}$$

$$\alpha = 180° - \frac{|\theta_2^A - \theta_1^A| + |\theta_2^B - \theta_1^B|}{2} \tag{2-9}$$

2. 用最小偏向角法测定棱镜玻璃的折射率

如图 2-9 所示，在三棱镜中，入射光线与出射光线之间的夹角 δ 称为棱镜的偏向角，这个偏向角 δ 与光线的入射角有关。

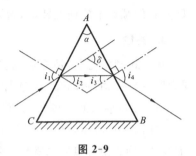

图 2-9

$$\alpha = i_2 + i_3 \tag{2-10}$$

$$\delta = (i_1 - i_2) + (i_4 - i_3) = (i_1 + i_4) - \alpha \tag{2-11}$$

由于 i_4 是 i_1 的函数，因此 δ 实际上只随 i_1 的变化而变化；当 i_1 为某一个值时，δ 达到最小，这时的 δ 称为最小偏向角。可以证明 $i_1 = i_4$ 时，δ 具有极小值：

$$\delta_{\min} = 2i_1 - \alpha$$

$$n = \frac{\sin i_1}{\sin i_2} = \frac{\sin[(\delta_{\min} + \alpha)/2]}{\sin\left(\frac{\alpha}{2}\right)} \tag{2-12}$$

由此可见，当棱镜偏向角最小时，在棱镜内部的光线与棱镜底面平行，入射光线与出射光线相对于棱镜呈对称分布。

由于偏向角仅是入射角 i_1 的函数，因此可以通过不断改变入射角 i_1，同时观察出射光线的方位变化。在 i_1 的上述变化过程中，出射光线也随之向某一方向变化。当 i_1 变到某个值时，出射光线方位变化会发生停滞，并随后反向移动。在出射光线即将反向移动的时刻出现最小偏向角所对应的方位，固定这时的入射角，测出所固定的入射光线角坐标 θ_1，再测出出射光线的角坐标 θ_2，则有

$$\delta_{\min} = |\theta_1 - \theta_2| \tag{2-13}$$

2.4.4　实验内容和步骤

1. 熟悉实验仪器

对照实物，熟悉分光计的结构，熟悉分光计中下列部位的位置：① 目镜调焦（看清分划板准线）手轮；② 望远镜调焦（看清物体）调节手轮（或螺钉）；③ 调节望远镜高低倾斜度的螺钉；④ 控制望远镜（连同刻度盘）转动的制动螺钉；⑤ 调整载物台水平状态的螺钉；⑥ 控制载物台转动的制动螺钉；⑦ 调整平行光管上狭缝宽度的螺钉；⑧ 调整平行光管高低倾斜度的螺钉；⑨ 平行光管调焦的狭缝套筒制动螺钉。

2. 分光计的调整（参见实验 2.1）

（1）目测粗调。将望远镜、载物台、平行光管用目测法粗调成水平，并与中心轴垂直。

（2）用自准直法调整望远镜，使其聚焦于无穷远。

（3）调整望远镜光轴，使之与分光计的中心轴垂直——逐次逼近各半调整法。

（4）调整平行光管：用前面已经调整好的望远镜调节平行光管。当平行光管射出平行光时，则狭缝成像于望远镜物镜的焦平面上，在望远镜中就能清楚地看到狭缝像，并与准线无视差。

至此分光计已全部调整好，使用时必须注意分光计上除刻度圆盘制动螺钉及其微调螺钉外，其他螺钉不能任意转动，否则将破坏分光计的工作条件，需要重新调节。

3. 测量

在正式测量之前，请先弄清你所使用的分光计中下列各螺钉的位置：① 控制望远镜（连同刻度盘）转动的制动螺钉；② 控制望远镜微动的螺钉。

（1）用反射法测三棱镜的顶角 α。

如图 2-10 所示，使三棱镜的顶角对准平行光管，开启钠灯，使平行光照射在三棱镜的 AB 面上，旋紧游标盘制动螺钉，固定游标盘位置，放松望远镜制动螺钉，转动望远镜（连同刻度盘）寻找 AB 面反射的狭缝像，使分划板上竖直线与狭缝像基本对准后，旋紧望远镜螺钉，用望远镜微调螺钉使竖直线与狭缝完全重合，记下此时两对称游标上指示的读数；用同样方法寻找 AC 面反射的狭缝像，由式

$$\alpha=\frac{\varphi}{2}=\frac{|\theta_2^A-\theta_1^A|+|\theta_2^B-\theta_1^B|}{4}$$

计算三棱镜的顶角 α，重复测量三次取平均值。

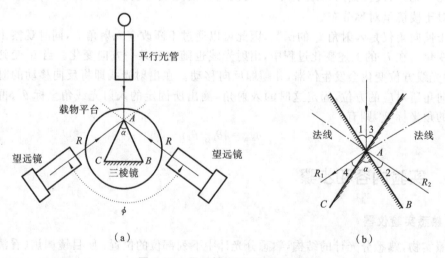

图 2-10 用反射法测三棱镜顶角

（2）最小偏角测量。

从平行光管发出的准直平行光经棱镜折射后向棱镜底部偏折，转动望远镜找到平行光管焦平面上狭缝的像，慢慢转动载物台使狭缝像向减小偏向角的方向移动，如图 2-10 所示；当载物台转到某一位置时，狭缝像将不再向原来的方向移动，而是向相反的方向移动。狭缝像将反向移动瞬间的棱镜位置就是准直平行光以最小偏向角射出的位置。此时保持载物台不

动,转动望远镜瞄准狭缝像,记下度盘读数。拿掉棱镜,用望远镜直接对向平行光管,瞄准狭缝像,记下相应的度盘读数。按公式(2-13)计算最小偏向角。重复测量三次取平均值。按公式(2-12)计算棱镜玻璃折射率。

2.4.5　注意事项

(1) 望远镜、平行光管上的镜头、三棱镜、平面镜的镜面不能用手摸、擦。如发现有尘埃,应该用镜头纸轻轻擦。三棱镜、平面镜不准磕碰或跌落,以免损坏。

(2) 分光计是较精密的光学仪器,要加倍爱护,不应在制动螺钉锁紧时强行转动望远镜,也不要随意拧动狭缝。

(3) 在测量数据前,必须检查分光计的几个制动螺钉是否锁紧,若未锁紧,取得的数据会不可靠。

(4) 测量中,应正确使用转动望远镜的微调螺钉,以便提高工作效率和测量准确度。

(5) 在游标读数过程中,由于望远镜可能位于任何方位,故应注意转动望远镜过程中是否过了刻度的零点。

(6) 调整时应调整好一个方向,这时已调好部分的螺钉不能再随便拧动,否则会前功尽弃。

(7) 望远镜的调整是重点。首先转动目镜手轮,看清分划板上的十字线;然后伸缩目镜筒,看清亮十字。

附:玻璃折射率测量数据记录与处理,如表2-3所示。

表 2-3　棱镜顶角和最小偏向角大小统计表

| 复 测 次 数 | 分光计读数 | | $\delta_m = \beta'_2 - \beta'_1$ | $\varphi = 180° - \delta_m$ |
	β_1	β_2		
1				
M				
6				
平均				
复 测 次 数	分光计读数		$2\delta_m$	δ_m
	β_1	β_2		
1				
M				
6				
平均				

2.5   阿贝折光仪测折射率实验

2.5.1   实验目的

（1）掌握用阿贝折光仪测量折射率的原理和方法。

（2）熟悉阿贝折光仪的结构和使用方法。

2.5.2   实验仪器

1. 仪器名称、作用

实验仪器包括 2WA-J 阿贝折光仪、标准试样、溴苯液、待测折射率的液体等。

根据用临界角法测量折射率的原理设计制成的阿贝折光仪，能用于测定透明、半透明的液体或固体的折射率和平均色散。

2WA-J 阿贝折光仪的光学系统如图 2-11 所示，仪器外形如图 2-12 所示。

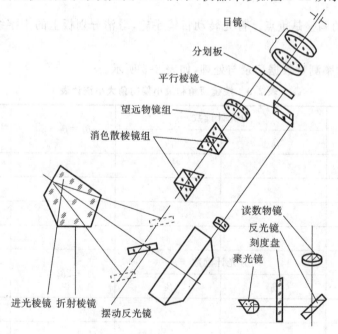

图 2-11   阿贝折射仪的光学系统

2. 仪器的主要结构

（1）照明系统：照明系统由反光镜和照明棱镜组成。反光镜反射外来光线（日光、灯光等）以照射照明棱镜，照明棱镜的通光面制成毛玻璃，因此形成漫射光源，作为仪器的照明光

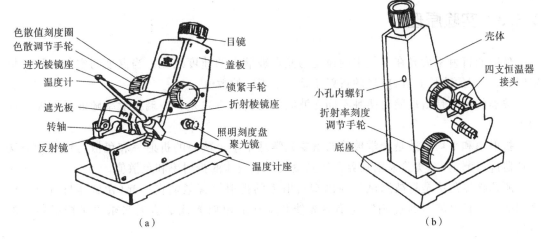

（a） （b）

图 2-12 阿贝折射仪外形

源,以便提供沿不同方向射向试样的光线,保证望远镜视场中一半为明,一半为暗。

（2）标准棱镜:标准棱镜除了和试样一起给出测量方程式外,还是仪器的定位元件,起着支承的作用。

（3）色散棱镜:由于照明光源是白色,因此在折射时必然产生色散现象。色散的存在使得望远镜中明暗视场的分界线带色(对不同的波长,光线 PR 的方向不同),这就影响瞄准精度。为了消除色散现象的影响,在仪器中引入了色散棱镜。它由两个相对转动的棱镜组成,其不同的相对位置状态,可以引入不同的色散值,以抵消试样和标准棱镜所引起的色散作用。

（4）望远镜:望远镜是仪器的瞄准系统,用以确定光线 PR(见图 2-13)的方向,给定 θ_0 或 $\bar{n}$。

（5）示值机构和读数装置:阿贝折光仪用度盘来示值,但度盘上给出的值为 D 光的折射率 $\bar{n}_D$,它是仪器的标准量。读数用显微镜。

（6）恒温套:测量液体的折射率时,易于受温度的影响,因此设置了恒温套,以保证测量时试样处于一定的温度。

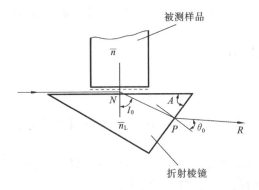

图 2-13 临界角法测量玻璃折射率的光学原理图

2.5.3　实验原理

玻璃的折射率为光在空气中的速度与光在玻璃中的速度之比。当温度与空气的压力恒定时,对一定的波长而言,玻璃的折射率是一个不变的数值。

玻璃的色散是指玻璃对两种不同光波波长的折射率之差。玻璃折射率随波长的减小而增大。

折射率和平均色散是光学玻璃的重要光学基本量。玻璃的折射率和色散可用多种方法和仪器进行测定,本实验采用临界角法测量玻璃或液体的折射率和色散值。

所谓临界角法是将被测试样与已知折射率的折射棱镜紧贴在一起(在试样与折射棱镜之间必须加折射液),通过确定与临界光线相对应的出射光线的方向来求得试样折射率的方法。

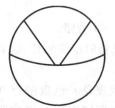

图 2-14　叉丝交点

如图 2-14 所示,标准棱镜的折射率为 $\bar{n}_L$,被测试样的折射率为 $\bar{n}$,以掠入射方式进入试样的光线折射后以全反射临界角 I_0 进入标准棱镜,并以 θ_0 角出射。显然,为使临界光线折入标准棱镜中,必须满足 $\bar{n}_L > \bar{n}$。

由于光线 PR 与临界光线对应,因此出射光线只能分布在光线 PR 的同侧(或者左侧,或者右侧),而 PR 就是出射光边界。在用来接收出射光的望远镜视场中,它形成明暗两部分的分界线,瞄准这一分界线,就确定了光线 PR 的方向,起到了标定 θ_0 的作用。

可以导出:

$$\bar{n} = \sin A \sqrt{\bar{n}_L^2 - \sin^2 \theta_0} \pm \cos A \sin \theta_0 \tag{2-14}$$

式中:$\bar{n}$、$\bar{n}_L$ 分别为试样和标准棱镜在测试条件下相对空气的折射率;A 为标准棱镜的折射角;θ_0 为临界光线对应的出射光线与标准棱镜光线出射面的法线之间的夹角。

式(2-14)中,出射光线在出射面法线之上时,取"+"号;反之取"—"号。

由此看来,已知 A、$\bar{n}_L$,只需要测出 θ_0 便可求得试样的折射率 $\bar{n}$。实际上,为了方便,可对不同的 θ_0 预先算出 $\bar{n}$,并标注在度盘相应位置上。因而,测量时可直接读取 $\bar{n}$ 值。阿贝折光仪就是这样做的。当然,这要求在使用前仔细校准,以保证仪器示值的准确性。

2.5.4　实验内容和步骤

1. 仪器校准

用已知折射率($n=1.5163$)的标准样品(仪器本身备有的附件)检查仪器的示值是否正确,其步骤如下:

① 将标准样品的抛光面涂上少许溴苯液,贴置在阿贝折光仪的标准棱镜上。

② 用反光镜通过照明棱镜,使试样获得照明。

③ 转动标准棱镜转动手轮,使读数用的显微镜视场中的读数为标准样品的折射率值($n=1.5163$)。

④ 转动色散棱镜手轮,使瞄准用的望远镜视场中的明暗视场分界线消色。

⑤ 检查视场中明暗分界线是否通过望远镜分划板上的叉丝交点,如图 2-14 所示。若分界线不通过叉丝交点,说明示值不正确,需用方孔调节扳手(仪器附件)转动镜筒上的示螺钉,推动分划板,使叉丝交点位于分界线上。

2. 试样的测量

(1) 清洗照明棱镜、标准棱镜表面。

(2) 将待测折射率液体滴在阿贝折光仪的标准棱镜上。重复上述①、②、④步骤,引入照明光源,并消除色差。

(3) 瞄准、读数。用望远镜瞄准视场分界线后,在读数用的显微镜中读取 $\bar{n}_L$。

3. 清洗棱镜等表面

清洗棱镜表面时应注意的事项如下。

(1) 测试物不应有硬性杂质,以防止把棱镜表面拉毛;

(2) 只能用酒精乙醚混合物擦光学表面;

(3) 避免强烈振动或撞击,以防止光学零件损伤及影响精度。

2.6　比较测角仪测量平面光学零件不平行度实验

2.6.1　实验目的

掌握光学测角仪的使用和测量平板玻璃不平行度的原理和方法。

2.6.2　实验仪器

光学测角仪通常称为比较测角仪,图 2-15 所示的是 JZI 型单管比较测角仪外形,它由自准直望远镜和工作台等组成。只要松开锁紧手柄,即可把自准直望远镜的光轴在垂直平面内调节到任意位置。

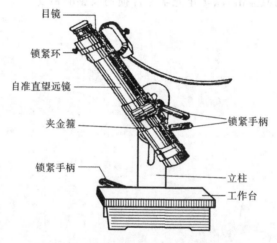

目镜

锁紧环

自准直望远镜

夹金箍

锁紧手柄

锁紧手柄

立柱

工作台

图 2-15　JZI 型单管比较测角仪外形

比较测角仪主要由一个带有阿贝自准直目镜的自准直望远镜和载物台组成。其自准直望远镜的光学系统、分划板刻线及目镜视场如图 2-16 所示。分划板上的透明刻线(亮刻线)范围是 0~60′,每小格格值是 1′;黑色刻线范围是 0~40′,每小格格值是 1′。

2.6.3　实验原理

光学测角仪是一带有角度分划的自准直望远镜。图 2-17 所示的是测量平板玻璃不平行度的原理图。

光源射出的光束经半透半反镜后照亮分划板。来自分划板上一点的光束经自准直望远镜的物镜后成为平行光束,并入射到被测平板玻璃上,由前后表面分别反射回来,得到两束夹角为 ϕ 的平行光,如图 2-17(b)所示。最后自准直望远镜的视场里见到两组互相分开的分

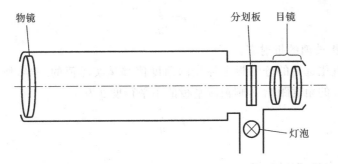

（a）光学系统

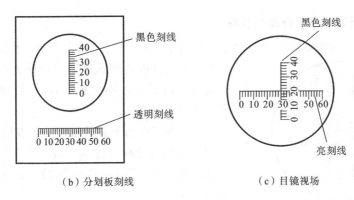

（b）分划板刻线   （c）目镜视场

图 2-16 比较测角仪

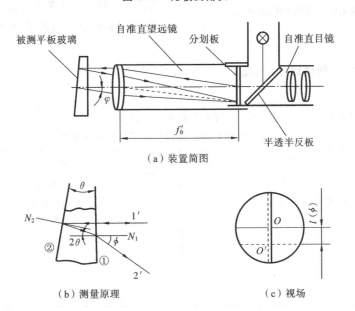

（a）装置简图

（b）测量原理   （c）视场

图 2-17 光学测角仪测量不平行度

划像，如图 2-17（c）所示。如平板玻璃的不平行度为 θ，自准直望远镜视场中对应的角值为 ϕ，则有

$$\theta = \frac{\phi}{2n} \tag{2-15}$$

式中：n 为被测平板玻璃的折射率。

大多数自准直望远镜的分划板上标注的角度值都是实际值的一半，所以这时可在分划板上读得两像分开的角度距离 ϕ，则被测平板的不平行度 θ 为

$$\theta = \frac{\phi}{n} \tag{2-16}$$

2.6.4　实验内容和步骤

1. 测量平板玻璃不平行度的步骤

（1）将被测平板玻璃放在工作台上。为防止滑动，可在工作台上垫一张镜头纸。

（2）将自准直望远镜调节到使光轴与平板玻璃表面垂直。由于存在不平行度，故在视场中可见到两组分开的亮刻线像。

（3）在工作台上旋转被测平板玻璃，此时在视场中见到两亮刻线像相对移动。直到水平暗刻线分划与两亮刻线相交在相同的亮刻线的刻线值处，如图2-18所示。

图2-18　测量平板不平行度的视场

（4）注意到分划板上刻线角值标注是实际角值的一半，读出两亮刻线像分开的角值 ϕ，用式（2-16）计算不平行度。

2. 测量等腰直角棱镜 90° 角度

自行设计。

附：光学测角仪测量平板不平行度的记录表格，如表2-4所示。

表2-4　光学测角仪测量平板不平行度记录表

视　　场	数　　据
被测件编号 所见视场情况：	已知数据： 　玻璃折射率 $n=$ 测量数据： 　$\phi=$ 计算数据： 　$\theta = \dfrac{\phi}{n} =$

3

物理光学

3.1 菲涅尔双面镜干涉及应用实验

3.1.1 实验目的

研究和观察双面镜产生的干涉现象。

3.1.2 实验仪器

菲涅尔双面镜干涉实验装置如图 3-1 所示,菲涅尔双面镜的工作原理如图 3-2 所示。

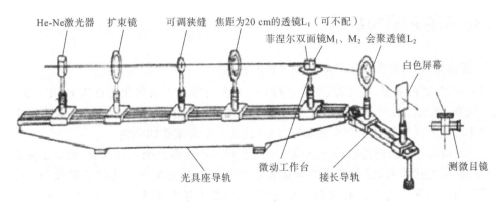

图 3-1　菲涅尔双面镜干涉实验装置图

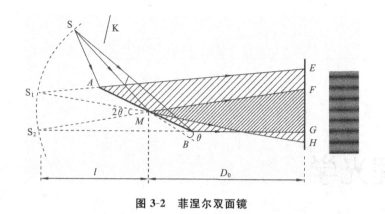

图 3-2　菲涅尔双面镜

3.1.3　实验原理

如图 3-2 所示,菲涅尔双面镜由两块彼此夹角很小的平面反射镜 AM 和 BM 组成,从点光源(或狭缝)S 发射出来的光波受遮光屏 K 的阻挡,不能直接到达屏上,而是经两块平面镜反射被分割为两束相干光。在它们叠加的区域置一观察屏,就可在屏上 FG 区域内接收到干涉条纹。从双面镜反射的两束相干光可以看成是 S 在双面镜中形成的虚像 S_1 和 S_2 发出的,因而 S_1 和 S_2 相当于一对相干光源,其位置可按反射定律确定。

S_1 和 S_2 的距离

$$d = t = 2l\sin\theta \approx 2l\theta \tag{3-1}$$

设接收屏到两镜面交线的距离为 D_0,则 S_1S_2 到接收屏的距离 $D = l + D_0$。于是接收屏上干涉条纹的间距

$$e = \frac{D}{d}\lambda = \frac{D_0 + l}{2l\theta}\lambda \tag{3-2}$$

如果已知光源波长并测出干涉条纹间距,就可以计算双面镜间的夹角 θ。

3.1.4　实验内容和步骤

1. 调整光路,使整个系统达到同轴等高的要求

(1)粗调:把扩束镜、激光器、狭缝、双面镜、观察屏等元件放置在光具座上,使它们靠拢。用肉眼观察,各元件的中心应大致在与导轨平行的同一条直线上,狭缝平面、观察屏平面和双面镜平面应相互平行且垂直于光具座导轨(这是一个很重要的调整)。

(2)用两次(共轭)成像法进行细调。如果狭缝中心偏离系统光轴,则移动透镜使狭缝在两个(共轭)位置成像时,就会发现两次成像的中心位置不会重合。这时根据像的中心位置偏移情况就可判断狭缝中心究竟是偏左还是偏右,偏上还是偏下,然后加以相应的调整,反复几次,直至整个系统达到同轴等高的要求为止。

2. 观察干涉现象

(1)用扩束镜扩束,使狭缝得到完全照明。调 $\theta \approx 0$,观察从双面镜反射到观察屏上的两

个光斑。增大 θ，使两个光斑逐步重合，观察所产生的干涉条纹和形状、方向及条纹间距的变化情况。适当减小一个光斑的强度，观察干涉条纹对比度发生的变化，并给予解释。

（2）在固定狭缝宽度与 D_0 只改变 l、固定 l 与狭缝宽度只改变 D_0 这两种情况下，观察条纹间距与对比度发生的变化，并给予解释。

（3）固定 D_0 与 l 只改变狭缝宽度，观察条纹对比度变化的规律，并给予解释。

（4）用白炽灯代替激光光源，观察白光干涉现象。

3.1.5　思考题

（1）产生干涉现象的必要条件是什么？

_____

_____

（2）为保证产生明显的干涉现象，还要哪些补充条件？

_____

_____

（3）光源狭缝的宽度的大小对干涉条纹的可见度有何影响？

_____

_____

（4）两相干光的光程差增大，对干涉条纹的可见度有什么影响？

_____

_____

（5）影响条纹间距大小的因素有哪些？

_____

_____

（6）在菲涅尔双面镜干涉中，对双面镜夹角的大小有无要求？

_____

_____

（7）请计算：在菲涅尔双平面反射镜干涉中，若所用光波的波长为 6.3×10^{-4} mm，夹角为 $15°$，测得条纹间距为 1.23×10^{-4} mm，问每毫米内约有多少个亮纹或暗纹？

_____

_____

_____

3.2　菲涅尔双棱镜干涉及应用实验

3.2.1　实验目的

（1）观察双棱镜产生的双光束干涉现象，进一步理解产生干涉的条件；
（2）学会用双棱镜干涉测定光源波长。

3.2.2　实验仪器

实验仪器同菲涅尔双面镜干涉实验的，仅需将其中的菲涅尔双面镜换成菲涅尔双棱镜。

3.2.3　实验原理与装置

1. 干涉装置

如图 3-3(a)所示，菲涅尔双棱镜由两个相同的薄棱镜组成，棱镜的顶角 α 很小，一般约为 $30'$，从 S 发出的光波经双棱镜折射分割成为两列相干光波，它们宛如 S 经双棱镜两表面折射后形成的两个虚像 S_1 和 S_2 发出的一样，在它们交叠的区域内将产生干涉。如将光阑 M 放在图 3-3(b)所示位置，则只有接收屏上 FG 区域内可观察到干涉条纹，如将 M 撤去，则在整个 EH 区域内都可观察到如图 3-3(c)所示的干涉条纹。

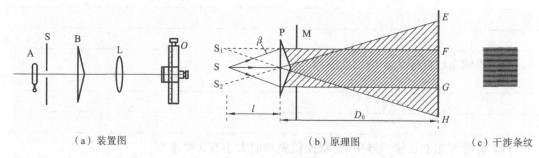

(a) 装置图　　　　　(b) 原理图　　　　　(c) 干涉条纹

图 3-3　菲涅尔双棱镜干涉

2. 条纹特点

设双棱镜折射率为 n，在 α 很小的情况下，图 3-3(b)所示两相干光源间的距离为

$$d=2l\beta=2l(n-1)\alpha$$

S_1S_2 到接收屏的距离

$$D=l+D_0$$

接收屏上干涉条纹的间距为

$$e = \frac{D_0 + l}{2l(n-1)\alpha}\lambda \tag{3-3}$$

3.2.4　实验步骤及实验记录

1. 调整光路

（1）实验光路如图 3-3(a)所示。用目视法粗略地调整光具座上各元件，使它们的中心等高、共轴，并使双棱镜的底面与系统的光轴垂直，棱脊和狭缝的取向大体平行。

（2）点亮光源，照亮狭缝 S，用手执白屏在双棱镜后面检查，观察叠加区是否进入测微目镜，根据观测到的现象，作出判断，再进行必要的调节（共轴）。

（3）减小狭缝宽度，一般情况下可从测微目镜观察到不太清晰的干涉条纹。微调棱脊取向使之与狭缝的取向严格平行，直到显现出清晰的干涉条纹。

2. 观察和研究双棱镜干涉现象

（1）为便于测量，在看到清晰的干涉条纹后，应将双棱镜或测微目镜前后移动，使干涉条纹的宽度适当。同时只要不影响条纹的清晰度，可适当增加缝宽，以保持干涉条纹有足够的亮度。

（2）改变狭缝宽度，观察干涉条纹的对比度与狭缝宽度的关系。

（3）观察干涉条纹的间隔与各光学元件间距离的关系。

（4）用测微目镜测量干涉条纹的间隔：固定狭缝、双棱镜与测微目镜的位置，记下 S 到观察屏之间的距离 D。用测微目镜测出 9 条明（或暗）条纹的间距 h，再除以 9，即得条纹间隔 e。

测量时，先使目镜叉丝对准某亮纹的中心，读数，然后旋转测微螺旋，使叉丝移过 9 条条纹，再读数，两次读数之差即是 9 条明（或暗）条纹的间距 h。重复测量三次，求出平均值 $\bar{h}$，则 $\bar{e} =$ ＿＿＿ mm。

（5）用米尺测出光源到棱镜的距离 l = ＿＿＿ mm。

（6）用米尺测出棱镜到光屏的距离 $D_0 =$ ＿＿＿ mm。

（7）根据公式 $e = \frac{D_0 + l}{2l(n-1)\alpha}\lambda$，计算光波的波长 λ = ＿＿＿ mm。

3.2.5　注意事项

使用测微目镜时，首先要确定测微目镜读数装置的分格精度；要注意防止回程误差；旋转读数鼓轮时动作要平稳、缓慢；测量装置要保持稳定。

3.2.6　思考题

（1）双棱镜是怎样实现双光束干涉的？

（2）双棱镜和光源之间为什么要放一狭缝？

_____

_____

（3）为什么缝要很窄才可以得到清晰的干涉条纹？

_____

_____

（4）如果棱脊与狭缝取向稍不平行，就看不见干涉条纹，为什么？

_____

_____

3.3　迈克尔逊干涉仪的调节和使用实验

3.3.1　实验目的

(1) 熟悉迈克尔逊干涉仪的结构,掌握其调节和使用方法;
(2) 测量 He-Ne 激光波长;
(3) 观察定域干涉和非定域干涉现象;
(4) 学会白光干涉条纹的调节和观察。

3.3.2　实验仪器

迈克尔逊干涉仪、He-Ne 激光器、白光光源、扩束镜、毛玻璃屏、夹持器(若干)。

迈克尔逊干涉仪的外形和结构如图 3-4 所示,M_1 和 M_2 是两块平面反射镜,其中 M_2 是固定的,M_1 可通过精密丝杆沿滑轨移动,M_1 和 M_2 的倾斜还可由镜后的螺钉分别调节,G_1 和 G_2 是厚度和折射率完全相同的一对平行平面玻璃板,在 G_1 上的光线一半反射、一半透射,G_2 为补偿板。

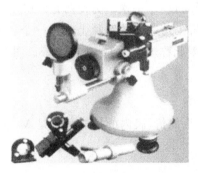
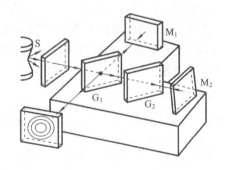

（a）迈克尔逊干涉仪外形图　　　　　　（b）迈克尔逊干涉仪结构图

图 3-4　迈克尔逊干涉仪

3.3.3　实验原理

1. 原理图

如图 3-5(a)所示,从扩展光源 S 出来的一束光在分束板 G_1 背面的半反射面 A 上的 C 点分解为反射光束 1 和透射光束 2,反射光束 1 受到平面镜 M_1 反射后折回,再穿过 G_1 而进入人眼;透射光束 2 通过 G_2 后经平面镜 M_2 反射折回,再经过半反射面 A 在 D 点反射也进入人眼,两束光分自同一光束,因而是相干光束,在视网膜上或探测器内相遇产生干涉。

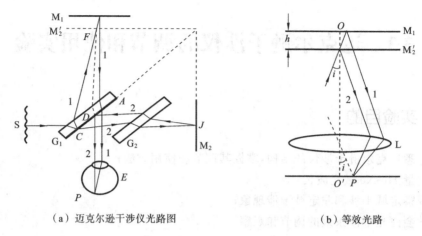

（a）迈克尔逊干涉仪光路图　　　　　　　（b）等效光路

图 3-5　迈克尔逊干涉原理图

2. 等效光路

在研究迈克尔逊干涉仪所形成的干涉图样时，为了容易起见，可以作出它的等效光路图，在图 3-5(a)中 M_2' 为 M_2 通过半反射面 A 所生成的虚像，位置在 M_1 附近，它可以在 M_1 之前，也可以在 M_1 之后，在 E 处观察时，将看到镜面 M_1 和 M_2 的虚像 M_2'。M_1 和 M_2' 两表面形成一假想的空气层，称为"虚膜"。因此，可以认为由 M_1 和 M_2 两平面反射光所产生的干涉是实反射面 M_1 和虚反射面 M_2' 所构成的虚膜两表面反射光所产生的干涉，由光路图3-5(a)可看出，光束 1 通过玻璃板 G_1 三次，而光束 2 只通过 G_1 一次。为使两光束在叠加时的光程差不致太大，在玻璃板内的光程应予以补偿，因此在光束 2 的路径上安放一个和 G_1 完全一样的板 G_2，使光束在玻璃板内通过的光程相等，因此称玻璃板 G_2 为补偿板。图 3-5(b)即为它的等效光路图。

3. 光程差

因为空气的折射率 $n=1$，光束进入薄膜时不发生偏折，膜内的折射角就是 M_1 的入射角 i，因此，光束 1 和光束 2 在 P 点的光程差为

$$\Delta = 2h\cos i \tag{3-4}$$

式中：h 为 M_1 和 M_2' 间的距离。

4. 条纹特点

由式(3-4)可知，调节 M_1 和 M_2 的相对位置和倾斜角，就可以改变虚膜的厚度和顶角，从而可实现平面薄膜或尖劈形薄膜所产生的各种干涉。

（1）等倾条纹。

调节 M_2，使 M_1、M_2 相互严格垂直，则它的反射像 M_2' 与 M_1 平行，观察到干涉图样是定域在无穷远处的一组等倾圆环条纹。

因为每一干涉环都有自己特定的干涉级 m，对于场中选定的某一干涉环而言，$m\lambda$ 保持不变，当 M_1 移向 M_2' 时，h 减小，由 $2h\cos i=m\lambda$ 可知，为了保持 $m\lambda$ 不变，入射光的倾角 i 就要减小，因此，将 M_1 移向 M_2' 的过程中干涉环的半径不断减小，圆不断向中心收缩，条纹变稀

变粗,同一视场中条纹数愈来愈少,如图 3-6(a)和图 3-6(b)所示。当 M_1 移至与 M_2' 重合时,整个视场均匀照亮,如图 3-6(c)所示。如继续移动 M_1 使它逐渐离开 M_2',h 不断增大,干涉环将不断从中心冒出,条纹变细变密,如图 3-6(d)和图 3-6(e)所示。随着 h 不断增大,干涉环的对比度也随之下降,当 h 增至光程差超过光波的相干长度时,干涉图样完全消失,如图 3-6(f)所示。在移动 M_1 的过程中,每当 h 增加(或减少)$\lambda/2$ 时,干涉图样中心点光程差改变 λ,相位差改变 2π,中心点的光强就有一次亮暗变化,例如从亮变到暗再变到亮,因此测出视场中心处亮暗变化次数,就可以求出反射镜 M_1 移动过的距离,这就是利用干涉法测波长的依据。

$$\Delta d = N \frac{\lambda}{2} \tag{3-5}$$

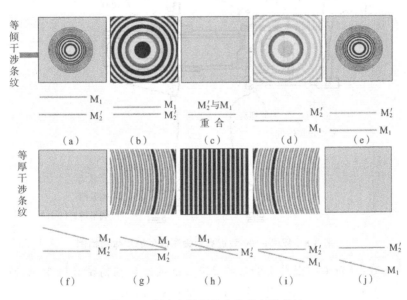

图 3-6 迈克尔逊干涉产生的各种条纹

(2)等厚条纹。

当 M_1、M_2 不严格垂直时,M_1、M_2' 之间形成空气劈尖,这时可观察到等厚条纹,如图 3-6(g)、图 3-6(h)、图 3-6(i)所示。

3.3.4 实验内容、步骤和记录

1. 对照实物,熟悉迈克尔逊干涉仪的主体结构

对照实物,熟悉迈克尔逊干涉仪的主体结构,特别是读数系统的组成和读数方法,传动部分的组成和操作方法(单向旋进,避免逆转空回)。

WSM-100 型迈克尔逊干涉仪的主体结构如图 3-7 和图 3-8 所示,由下面六个部分组成。

(1)底座部分:底座由生铁铸成,较重,确保稳定性,由三个调平螺钉支撑,调平后可以拧紧锁紧圈以保持座架稳定。

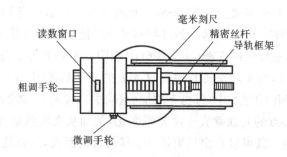

图 3-7　读数系统和传动部分

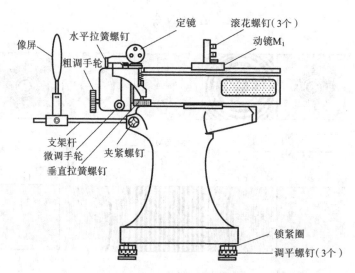

图 3-8　WSM-100 型迈克尔逊干涉仪的主体结构图

（2）导轨部分：导轨由两根平行的长约 280 mm 的框架和精密丝杆组成，被固定在底座上，精密丝杆穿过框架正中，丝杆螺距为 1 mm，如图 3-7 所示。

（3）拖板部分：拖板是一块平板，反面做成与导轨吻合的凹槽，装在导轨上，下方是精密螺母，丝杆穿过螺母，当丝杆旋转时，拖板能前后移动，带动固定在其上的移动镜（即 M_1）在导轨面上滑动，实现粗动。M_1 垂直固定在拖板上，它的法线严格与丝杆平行，倾角可分别用镜面背后的 3 个滚花螺钉来调节，各螺钉的调节范围是有限度的，如果螺钉向后顶得过松，则在移动时，可能因振动而使镜面倾角发生变化；如果螺钉向前顶得太紧，致使条纹不规则，则严重时，有可能使螺钉丝口打滑或使平面镜破损。

（4）定镜部分：定镜 M_2 是与 M_1 相同的一块平面镜，固定在导轨框架右侧的支架上。通过调节其上的水平拉簧螺钉使 M_2 在水平方向转过一微小的角度，能够使干涉条纹在水平方向微动；通过调节其上的垂直拉簧螺钉使 M_2 在垂直方向转过一微小角度，能够使干涉条纹上下微动；与 3 个滚花螺钉相比，水平、垂直拉簧螺钉改变 M_2 的镜面方位要小得多。定镜部分还包括分光板 G_1 和补偿板 G_2，前面已介绍。

（5）读数系统和传动部分：

① 动镜（即 M_1）移动距离的毫米数可在机体侧面的毫米刻尺上直接读得。

② 粗调手轮旋转一周,拖板移动 1 mm,即 M_2 移动 1 mm,同时,读数窗口内的鼓轮也转动一周,鼓轮的一圈被等分为 100 格,每格为 0.01 mm,读数由窗口上的基准线指示。

③ 微调手轮每转过一周,拖板移动 0.01 mm,可从读数窗口中看到读数鼓轮移动一格,而微调鼓轮的周线被等分为 100 格,则每格表示为 0.0001 mm。所以,最后读数应为上述三者之和。

（6）附件:支架杆用来放置像屏,由夹紧螺钉固定。

2. 迈克尔逊干涉仪的调整

（1）按图 3-4 所示安装 He-Ne 激光器和迈克尔逊干涉仪。打开 He-Ne 激光器的电源开关,光强度旋钮调至中间,使激光束水平地射向干涉仪的分光板 G_1。

（2）调整激光光束对分光板 G_1 的水平方向入射角为 45°。

如果激光束对分光板 G_1 在水平方向的入射角为 45°,那么正好以 45° 的反射角向动镜 M_1 垂直入射,原路返回后,这个像斑重新进入激光器的发射孔。调整时,先用一张纸片将定镜 M_2 遮住,以免 M_2 反射回来的像干扰视线,然后调整激光器或干涉仪的位置,使激光器发出的光束经 G_1 折射和 M_1 反射后,原路返回到激光出射口,这表明激光束对分光板 G_1 的水平方向入射角为 45°。

（3）调整定臂光路。

将纸片从 M_2 上拿下,遮住 M_1 的镜面。发现从定镜 M_2 反射到激光发射孔附近的光斑有四个,其中光强最强的那个光斑就是要调整的光斑。为了将此光斑调进发射孔内,应先调节 M_2 背面的 3 个螺钉,改变 M_2 的反射角度。微小改变 M_2 的反射角度,再调节水平拉簧螺钉和垂直拉簧螺钉,使 M_2 转过一微小的角度。应特别注意,在未调 M_2 之前,这 2 个微调螺钉必须旋放在中间位置。

（4）M_2 与 M_1 垂直调整。

拿掉 M_2 上的纸片后,要看到两个臂上的反射光斑都应进入激光器的发射孔,且在毛玻璃屏上有两组横向分布的小激光斑点,细心调节滚花螺钉和水平、垂直拉簧螺钉,使两组小激光斑点最亮的几对激光斑点一一对应重合,至此 M_2 就与 M_1 大致垂直了。

3. 非定域干涉条纹的调节和观察

在激光器前放一短焦距扩束物镜,使激光束先汇聚成一点光源后再射向 G_1,在毛玻璃屏处可观察到干涉条纹,细心调节滚花螺钉和水平、垂直拉簧螺钉,使干涉圆环圆心位于视场中央。

改变手轮的旋向,观察和总结圆环的产生和消失,以及它们的疏密与 d 值变化的规律性。

4. 测量 He-Ne 激光波长

单向旋转粗调手轮,将非定域干涉圆纹中心调至成暗斑或亮斑,记下此时 M_1 镜的位置 $d_1 =$ _____ mm。

旋转粗调手轮移动 M_1,数出从中心冒出或内缩的 300～500 个干涉圆纹,记下此时 M_1 镜的位置 $d_2 =$ _____ mm。

两次读数之差即为 M_1 的移动量 $\Delta d =$ _____ mm。

由式(3-5)可计算 He-Ne 激光波长 $\lambda =$ _____ mm。

5. 等倾条纹的调节和观察

在扩束物镜后面放一块毛玻璃,将球面波散射成为扩展面光源,在图 3-5 所示 E 处用眼睛或聚焦于无穷远处望远镜可看到一组以眼球或望远镜的轴为中心的同心圆条纹。仔细调节水平、垂直拉簧螺钉,眼睛上下左右平移时,若各环的大小不变,仅仅是圆心随眼睛而移动。这时看到的圆条纹就是等倾干涉条纹。(此操作为选做)

6. 等厚条纹的调节和观察

在前一实验的基础上,移动 M_1 镜,使圆纹变粗。当视场中只剩下极少数圆纹时,微调水平、垂直拉簧螺钉,使 M_1 与 M_2' 形成很小的空气楔,用眼睛对 M_1 镜面附近调焦,可看到近似于等厚干涉的直线条纹,改变 M_1 与 M_2' 间的夹角和 M_1 的位置,观察条纹变化,并总结其规律。(此操作为选做)

7. 白光干涉条纹的调节和观察

与上一步骤相同,调出曲率半径较大的曲线纹。旋转粗调手轮,使曲线变直,换上扩展白光光源,继续沿原方向旋转粗调手轮,直到视场中出现彩色条纹为止。

3.3.5 注意事项

迈克尔逊干涉仪系精密光学仪器,使用时应注意如下事项。

(1) 在调节和测量过程中,一定要非常细心和耐心,转动手轮时要缓慢、均匀。

(2) 为了防止产生螺距差,每项测量时必须沿同一方向转动手轮,中途不能倒退。

(3) 注意防尘、防潮、防振;不能触摸元件的光学面,不要对着仪器说话、咳嗽等。

(4) 实验前和实验结束后,所有调节螺钉均应处于放松状态,调节时应先使之处于中间状态,以便有双向调节的余地,调节动作要均匀缓慢。

(5) 有的干涉仪粗调手轮和微调手轮传动的离合器啮合时,只能使用微调手轮,不能再使用粗调手轮,否则会损坏仪器。

(6) 旋转微调手轮进行测量时,特别要防止回程误差。振动对测量的影响甚大,要注意(干涉仪的三个底脚要加软垫)!

3.3.6 思考题

(1) 迈克尔逊干涉仪读数系统的组成和读数方法如何?

(2) 迈克尔逊干涉仪传动部分的组成和操作方法如何?

(3) 对于定域和非定域干涉,干涉条纹出现位置有何不同?

3.4 法布里-珀罗(F-P)干涉仪使用实验

3.4.1 实验目的

(1) 了解法布里-珀罗干涉仪的结构、特点、调节和使用方法;
(2) 应用法布里-珀罗干涉仪观察多光束干涉条纹的特点;
(3) 应用法布里-珀罗干涉仪观察钠双线。

3.4.2 实验仪器和结构

实验仪器包括法布里-珀罗干涉仪、钠灯、望远镜等。

法布里-珀罗干涉仪(简称F-P干涉仪)是利用多光束干涉产生细锐条纹的典型仪器,其结构和光路如图3-9所示。仪器中最主要的部分是两块高精密磨光的石英板或玻璃板 G_1、G_2,利用精密调节装置,可将它们调节成精确的互相平行状态,这样在它们之间形成一个平行的平面空气层,为了提高反射率,在这两个表面上镀有多层介质膜或金属膜。另外,为了避免 G_1、G_2 两板外表面(非工作表面)反射光所造成的干扰,每块板间的两个表面并不严格平行,而是有微小角度(一般为 $5'\sim30'$)。如果 G_1、G_2 两板间的距离用间隔器固定,则称为法布里-珀罗标准具。如果 G_1、G_2 两板间的光程可以调节,则称为法布里-珀罗干涉仪。

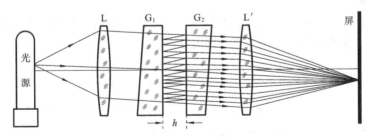

图3-9 法布里-珀罗干涉仪结构和光路

法布里-珀罗干涉仪外形如图3-10所示,其基座和观察系统可以与迈克尔逊干涉仪的通用,将迈克尔逊干涉仪的双光束干涉系统换上法布里-珀罗多光束干涉系统,就构成法布里-珀罗干涉仪。

3.4.3 实验原理

扩展单色光源位于透镜 L 的物方焦面上,光源上某一点发出的光线经 L 后变为平行光入射到空气膜上,在 G_1、G_2 间反复反射后形成振幅递减的多束相干光。

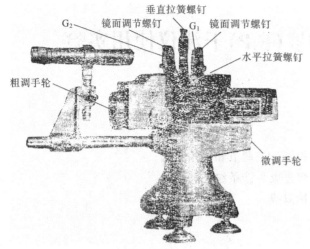

图 3-10　法布里-珀罗干涉仪外形图

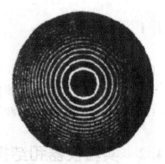

图 3-11　法布里-珀罗干涉条纹

1. 光程差

一束光线的光路如图 3-9 所示,若透镜 L 的主轴垂直于镀膜面,在透镜的焦平面上将形成一系列细窄明亮的圆形等倾干涉条纹,如图 3-11 所示。这时相邻的两束相干光的光程差为

$$\Delta = 2nh\cos i' \tag{3-6}$$

相应的相位差为

$$\delta = \frac{2\pi}{\lambda}\Delta = \frac{4\pi}{\lambda}nh\cos i'$$

式中:i' 是在空气膜内的折射角。

2. 条纹特点

相干光透射出去,入射到 L' 上,在置于 L' 的像方焦面处的接收屏上形成等倾干涉条纹,如图 3-11 所示。光强分布就是多光束干涉光强的公式

$$I = I_0\frac{1}{1+F\sin^2(\delta/2)} \tag{3-7}$$

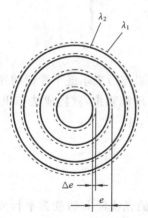

图 3-12　两组等倾圆条纹

式中:$F = \frac{4R}{(1-R)^2}$;I_0 为入射光强;R 为镀膜层的光强反射率;δ 为两相邻光束在 P 点产生的相差。

对于不同 R,透射光干涉的相对光强不同。

这些条纹的形状与迈克尔逊干涉仪产生的等倾条纹的形状相似,也是同心环,但是迈克尔逊干涉仪是两光束的干涉装置,而法布里-珀罗干涉仪是多光束干涉装置,所以后者比前者产生的干涉条纹要细锐得多,这正是法布里-珀罗干涉仪胜过迈克尔逊干涉仪的最大优点。它可用作高分辨的分光仪器。

若照明光源包含波长为 λ_1、λ_2 的两种光时,在同一干涉级,等倾圆条纹的半径稍有不同(相邻干涉条纹的角间距 $\Delta i_N \propto (\sqrt{N}-\sqrt{N-1})$),因而可观察到两组等倾圆条纹,如图 3-12 所示。

3.4.4　内容与步骤

1. 调试仪器(见图 3-10)

(1) 转动粗调手轮将 G_1、G_2 的间距调至 5 mm 左右,再分别调节 G_1、G_2 背面的镜面调节螺钉使之松紧程度大致相同。

(2) 点亮钠灯,调节光窗位置,使之处于 G_1 板正前方。

(3) 在钠灯灯窗的毛玻璃上画一个十字线,则在 G_2 的透射光中可看到十字线的许多个像,分别调节镜面调节螺钉和微调水平、垂直拉簧螺钉,使各个十字线像完全重合。此时,视场中应有条纹出现,将条纹中心调至视场中央。左右移动眼睛,使圆条纹仅随眼睛移动而环径大小不变,这表示 G_1、G_2 内表面已达到平行。换用望远镜观察,微调水平、垂直拉簧螺钉,便可得到图 3-11 所示的圆环。

描述所观察到的干涉条纹的特点:＿＿＿＿＿＿＿＿＿＿＿＿＿＿＿＿＿＿＿。

2. 观察现象

旋转图 3-10 中的微调手轮,缓慢减小 G_1、G_2 的间距,注意不能使两者相碰。然后反方向旋转微调手轮,增大 h。这时条纹逐渐变粗,并开始分离出图 3-12 所示的钠双线。

描述所观察到的钠双线的特点:＿＿＿＿＿＿＿＿＿＿＿＿＿＿＿＿＿＿＿＿＿

＿＿＿＿＿＿＿＿＿＿＿＿＿＿＿＿＿＿＿＿＿＿＿＿＿＿＿＿＿＿＿＿＿＿＿＿＿＿＿

将钠灯换成汞灯照明,记录、观察干涉条纹变化。

描述所观察到的干涉条纹的变化:＿＿＿＿＿＿＿＿＿＿＿＿＿＿＿＿＿＿＿＿＿

＿＿＿＿＿＿＿＿＿＿＿＿＿＿＿＿＿＿＿＿＿＿＿＿＿＿＿＿＿＿＿＿＿＿＿＿＿＿＿

3.4.5　思考题

(1) 迈克尔逊干涉仪产生的等倾条纹和法布里-珀罗干涉仪产生的等倾条纹有何不同?

＿＿

＿＿

＿＿

(2) 在调节法布里-珀罗干涉仪时,为什么强调要将 G_1、G_2 的间距调至 5 mm 左右?

＿＿

＿＿

3.5 激光平面干涉仪应用实验

3.5.1 实验目的

（1）了解激光平面干涉仪的结构和工作原理；
（2）观察标准平面与被测平面干涉条纹；
（3）学会用激光平面干涉仪测量玻璃平板的平面度。

3.5.2 实验仪器与装置

实验仪器包括激光平面干涉仪（见图 3-13）、标准玻璃平板一块、待测玻璃平板若干。

激光平面干涉仪是利用平面（标准平面与被测平面）之间楔形空气层产生的等厚干涉条纹来检测平面元件的仪器，其光路如图 3-14 所示。激光照明的小孔光阑 S_1 当作点光源，由点源 S_1 发出的光束经 M_1 和 L_1 准直后，正入射到标准平板 G_1 和被测平板 G_2 上。通常 G_1 做成有很小的楔角，使从上表面和下表面反射的光束分开一定的角度，并让上表面的反射光束移出视场之外。从 G_1 下表面和 G_2 上表面反射的光束经准直镜 L_1 并由 M_2 反射后，会聚到 L_1 的焦平面处。由 G_1 下表面和 G_2 上表面形成的空气楔产生等厚干涉条纹，通过测微目镜，就可以观察或测量干涉条纹。

图 3-13 激光平面干涉仪外形结构图

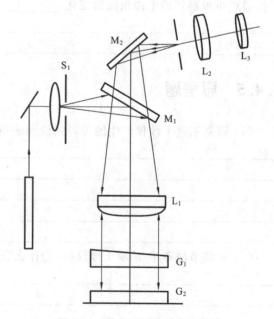

图 3-14 激光平面干涉仪光路图

3.5.3 测量原理

1. 测定平板表面的平面度和局部误差

如图 3-14 所示,在被测平板 G_2 上放一标准平板 G_1,它们之间形成空气楔。平行光入射到空气楔上时,产生等厚干涉条纹。如果待测平面不平,干涉条纹就会发生弯曲,如图 3-15(a)所示。被测平板的平面度 P 用 H 和 e 之比表示。

$$P = \frac{H}{e} \tag{3-8}$$

式中:e 为条纹间距;H 为条纹弯曲的矢高。

平面偏差,即凹陷或凸起的厚度为

$$h = \frac{\lambda_0 H}{2e} \tag{3-9}$$

式中:λ_0 是入射波长;e 和 H 用测微目镜测量。

如图 3-15(b)所示,若平板有局部缺陷,局部误差 ΔP 由下式表示:

$$\Delta P = \frac{H}{e} \tag{3-10}$$

通常估测条纹弯曲程度所能达到的精确度约为 1/10 条纹宽度,所以平面干涉仪测定平面缺陷的精度为 1/20 波长,约 $0.03~\mu m$。

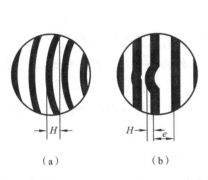

图 3-15 工件表面不平引起的条纹弯曲

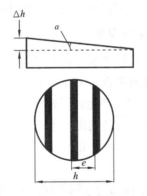

图 3-16 平板平行性误差产生的干涉条纹

2. 测定平板的楔角

当平行光学元件上下两表面夹角非常小($\alpha < 20''$),稍微旋动 G_1 的外罩,使来自标准平面的反射光移出视场之外,则在视场中可观察到由被测平板上下表面反射光产生的等厚干涉条纹。条纹的形状和间距由被测平板两表面的平面度、几何平行度及玻璃的光学均匀性共同决定。当被测平板的平面度误差、平行度误差、玻璃的不均匀性都很小时,测出的平行度可看成是两表面的几何平行度,得到一组平行等距的直线条纹,如图 3-16 所示。

若在长度为 b 的视场中观察到 N 个条纹,则所对应的最大厚度差为

图 3-17　平板受热产生的条纹

$$\Delta h = \frac{N\lambda}{2n} \tag{3-11}$$

式中:n 为被测平板的折射率。

相应地,平板的楔角为

$$\alpha = \frac{\lambda}{2ne} = \frac{N\lambda}{2nb} \tag{3-12}$$

为了判断被测平板哪一端较厚,可用一根适度加热的金属棒或手指接触被测平板,在接触处,平板因受热稍微膨胀,使得局部范围内的条纹发生形变凸起的方向指向平板的薄端,如图 3-17 所示。

3.5.4　实验内容与步骤

1. 测定平板的表面平面度及局部误差

(1) 接通激光电源,调节工作电流为 4～5 mA,使激光管处于稳定工作状态。

(2) 将被测平板放在激光平面干涉仪工作台面上。

(3) 调节工作台的倾角,使由标准平面与被测平面反射的光点重合并处于视场中央。

(4) 继续微调工作台的倾斜度,直到从目镜中能观察到 3～5 条干涉条纹为止。

(5) 利用测微目镜,测出 H 和 e,代入式(3-9)中计算被测平板的平面偏差。

(6) 视场中若出现如图 3-15(b)所示的条纹,表明被测表面存在局部误差,同样的办法,用测微目镜测出相应的 H 和 e,利用式(3-10)计算出局部误差。

2. 测量平板楔角

(1) 稍微旋转标准平板 G_1 的外罩,使得来自平面上的反射光移出视场。

(2) 置被测平板于工作台上,微调台面的倾斜度,使得在视场中能清晰地看到被测平板上下两表面反射光产生的干涉条纹。

(3) 用测微目镜测出干涉条纹的间距 e,代入式(3-12)中计算出被测平板的楔角 α。

(4) 判断平板的楔角方向。

3.5.5　实验现象与数据记录

(1) 标准平板与非标准平板实验现象描述:

_____

_____

_____

_____

(2) 测定平板的表面平面度及局部误差。

_____

（3）测量平板楔角。

（4）判断平板的楔角方向，方法自拟，并对所观察的现象给予解释。

3.5.6　思考题

测量平板楔角时，可能出现不等距的或弯曲的等厚条纹，解释产生这种现象的原因。

3.6 衍射法测量细丝直径实验

3.6.1 实验目的

(1) 了解衍射现象在测量技术中的应用;

(2) 掌握激光衍射法测量细丝直径的基本原理和测量方法。

3.6.2 实验仪器与设备

实验仪器包括激光器、细丝、可调狭缝、夹持器、光具座、白屏、测微目镜、千分尺。

3.6.3 实验原理

单缝衍射装置原理和衍射图样如图 3-18 所示。当一束激光照射到被测细丝(0.5 mm 以下的细丝)上,发生衍射效应,在观测屏上将看到十分清晰的衍射条纹,其衍射光强分布如图 3-19 所示。若中央亮纹的极值光强为 I_0,则衍射角为 θ 处 P 点的光强分布如图 3-19,光强公式为

$$I = I_0 \left(\frac{\sin\alpha}{\alpha} \right)^2 \tag{3-13}$$

式中:I_0 是 P_0 点的光强;$\alpha = \dfrac{\pi a \sin\theta}{\lambda}$;$\theta$ 为衍射角。

在衍射理论中,通常称 $\left(\dfrac{\sin\alpha}{\alpha} \right)^2$ 为单缝衍射因子。因此,矩形孔衍射的相对强度分布是两个单缝衍射因子的乘积。

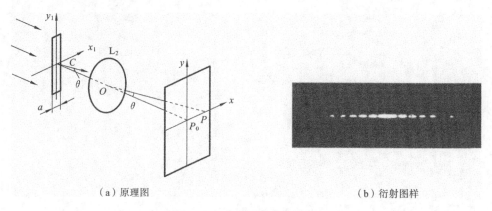

(a) 原理图   (b) 衍射图样

图 3-18   夫琅禾费单缝衍射

1. 光强分布

若用单色光照明,有:

(1) 当 $\theta=0°$ 时,$\alpha=0$,$I=I_0$,对应于 P_0,是光强中央主极大值(亮条纹)的位置;

(2) 当 $\alpha=m\pi$,即 $\sin\theta=m\dfrac{\lambda}{\alpha}$($m=\pm1$,$\pm2$,$\pm3$,$\cdots$)时,$I=0$,是光强极小值(暗条纹)的位置;

(3) 当 $\alpha=\tan\alpha$ 时可得出各次极大值(亮条纹)的位置:

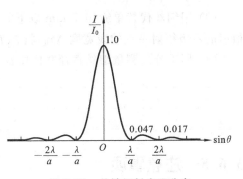

图 3-19 单缝衍射光强分布

$$\sin\theta_1\approx\pm1.43\frac{\lambda}{a},\sin\theta_2\approx\pm2.46\frac{\lambda}{a},\cdots$$

计算精度要求不高时,可写成

$$\sin\theta=N\frac{\lambda}{a},N=\pm\frac{3}{2},\pm\frac{5}{2},\pm\frac{7}{2},\cdots$$

相应各次极大光强为

$$I_1\approx0.047I,I_2\approx0.0165I,\cdots$$

2. 条纹线宽度

相邻暗条纹之间的距离就是各级亮条纹的宽度。

(1) 宽度为

$$\Delta x=f'\tan\theta\approx f'\frac{\lambda}{a} \tag{3-14}$$

式中:f' 是透镜 L_2 的焦距。

(2) 中央条纹的宽度为 $+1$ 级暗条纹与 -1 级暗条纹的距离,其线宽度为

$$\Delta x_0=2f'\frac{\lambda}{a} \tag{3-15}$$

式(3-15)说明,当 λ 一定时,a 越小,则 x_0 越大,衍射现象越显著。

如果已知 λ、f',测定两个暗条纹的间隔 Δx_0,就可计算出 a 的精确尺寸。

3.6.4 实验内容

(1) 调整光路使之同轴等高,前后移动观测屏至能看到十分清晰的衍射条纹为止。

(2) 观察夫琅禾费单缝衍射:观察单缝衍射图样,增大缝宽,观察衍射现象有何变化,并做出描述:

_____

_____

_____

_____

_____

（3）用细丝代替单缝（0.5 mm 以下的细丝），让激光照射到被测细丝上，测细丝夫琅禾费衍射的零级衍射条纹的线宽度 Δx_0，将 λ、f'、Δx_0 值代入式（3-15），即可算出细丝直径 a。

（4）用千分尺测量细丝直径并作比较。

3.6.5 注意事项

（1）调整光路时不能用眼睛正对激光束，以免伤害眼睛。要用光屏接收光。

（2）激光束应与平台平行，且与接收屏中心等高。

（3）狭缝开启得不要太大（0.2～0.3 mm）。

3.7　衍射光栅的分光特性测量实验

3.7.1　实验目的

(1) 进一步熟悉分光计的使用方法；
(2) 观察光线通过光栅后的衍射现象；
(3) 用已知波长测光栅常数；
(4) 用测出的光栅常数测某一谱线的波长。

3.7.2　实验仪器与装置

实验仪器包括分光计、平面透射光栅、平面镜、汞灯。

3.7.3　实验原理

本实验选用透射式平面刻痕光栅。透射光栅是在光学平板玻璃上刻划出一道道等宽、等间距的刻痕，刻痕处不透光，无刻痕处是透光的狭缝。

入射光正入射时，由多缝衍射理论知道，衍射图样中亮线位置的方向由下式决定：

$$d\sin\theta = m\lambda \quad (m=0,\pm1,\pm2,\cdots) \tag{3-16}$$

式中：d 为光栅常数；θ 为衍射角。

在光栅理论中，式(3-16)称为光栅方程。如果入射光不是单色光，则由式(3-16)可以看出，光的波长不同，其衍射角 θ_m 也各不相同，于是复色光将被分解，而在中央 $m=0$、$\theta_m=0$ 处，各色光仍重叠在一起，组成中央明条纹。在中央明条纹两侧，对称地分布着 $m=\pm1$，±2，$\cdots$级光谱，各级光谱线都按波长大小的顺序依次排列成一组彩色谱线，这样就把复色光分解为单色了，如图 3-20 所示。

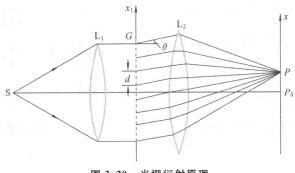

图 3-20　光栅衍射原理

如果已知光栅常数 d，用分光计测出 m 级光谱中某一明条纹的衍射角 θ_m，按式(3-16)即可算出该明条纹所对应的单色光的波长 λ;反之,如果波长 λ 是已知的,则可求出光栅常数 d。

3.7.4 实验内容

1. 调整分光计

调整方法与几何光学中"最小偏向角测量折射率"调节载物台水平相似,此处不再详述,只给出主要步骤如下。

(1) 使望远镜聚焦于无穷远处。

(2) 望远镜光轴与分光计中心轴线垂直。

(3) 平行光管产生出射平行光,并使其光轴与望远镜的光轴重合。

(4) 狭逢宽度调至约 1 mm,并使望远镜叉丝竖线与狭缝平行,叉丝交点恰好在狭缝像中点,再注意消除视差。调好后固定望远镜。

2. 调整光栅

(1) 入射光垂直照射光栅表面。

(2) 平行光管狭缝与光栅刻痕相平行,具体调节步骤如下。

① 把光栅按图 3-21 所示置于载物台上,并调节平台倾斜螺钉,使从光栅面反射回来的绿色亮十字像与分划板"十"叉丝上的横线重合且无视差,再将载物台连同光栅转过 180°,重复以上步骤,如此反复数次,使绿色亮十字像始终和分划板"十"叉丝上的横线重合。

② 点燃汞灯,将平行光管的竖直狭缝均匀照亮,调节平行光管的狭缝宽度,使望远镜中分划板上的"十"叉丝竖直准线对准狭缝像。转动望远镜筒,在光栅零级光谱两侧观察各级衍射光谱,调节平台的三个支撑螺钉 a_1、a_2 和 a_3,使各级光谱线等高。如果观察到左右两侧的光谱线相对于目镜中叉丝的水平线高低不等时,如图 3-22 所示,说明狭缝与光栅刻痕不平行。此时可调节载物台的螺钉 a_2,直到零级光谱两侧的衍射光谱线等高为止。这时,光栅的刻痕即平行于仪器的主轴。固定载物台,在整个测量过程中载物台及其上面的光栅位置不可再变动。

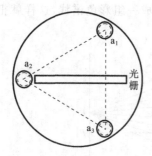

图 3-21 光栅在载物台上安放的位置

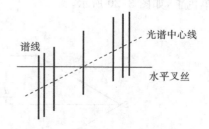

图 3-22 狭缝与光栅刻痕不平行

3. 光谱观察

左右转动望远镜仔细观察谱线的分布规律并予以描述,如图 3-23 所示。中央为_____,其两侧有_____。

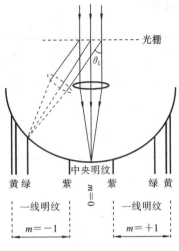

图 3-23 光栅衍射光谱示意图

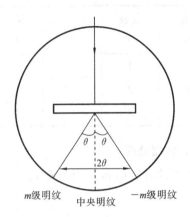

图 3-24 测衍射角示意图

4. 测量衍射角 θ_m

固定游标盘和载物台,推动支臂使望远镜和度盘一起转动,将望远镜分划板竖直线移至左边第三级条纹外,然后向右推动支臂使分划板竖直线靠近第二级绿明纹的左边缘(或右边缘),利用望远镜微调螺钉使条纹边缘与分划板竖线严格对准,记录此时游标盘左、右窗读数 A_2 和 B_2,继续向右移动望远镜依次记录左边第一级绿明纹读数 A_1 和 B_1 以及右边一、二级绿明纹读数 A'_m 和 B'_m,各级条纹都以对准左边缘(或右边缘)时读数(本实验中测量左右 m 级条纹的夹角即 $2\theta_m$,见图 3-24)。

5. 测量并记录

重复步骤 4,逐次测量各级条纹位置共 3 次,所有数据记录于表 3-1 中。

表 3-1 光栅常数测量数据记录表

A_m、A'_m(左窗读数),B_m、B'_m(右窗读数),绿色谱线 $\lambda = 546.1$ nm

级数 m	次数 n	左边条纹		右边条纹		衍 射 角		光栅常数 d/nm
		A_m	B_m	A'_m	B'_m	θ_m	$\bar{\theta}_m$	
1	1							
	2							
	3							
2	1							
	2							
	3							

6. 测量未知波长(此测量为选做)

重复步骤 4,测出蓝色光的第一级衍射角 θ_1,由步骤 5 测算出光栅常数 d,由式(3-16)计算相应的光波长,记录于表 3-2 中。

表 3-2 测量未知波长数据记录表

光栅常数 $d=$ _____ nm

级数 m	次数 n	左边条纹		右边条纹		衍射角		蓝色
		A_1	B_1	A_1'	B_1'	θ_1	$\bar{\theta}_1$	
1	1							
	2							
	3							

7. 数据处理

按下式计算第 m 级衍射角 θ_m :

$$\theta_m = \frac{1}{4}\left[(A_m+B_m)-(A_m'+B_m')\right]$$

$$\theta_m = \frac{\theta_m(1)+\theta_m(2)+\theta_m(3)}{3}$$

按式(3-16)计算：

$$d = \frac{m\lambda}{\sin\bar{\theta}_m}$$

3.7.5 注意事项

（1）光栅是精密光学器件，严禁用手或其他物品触摸其表面刻痕（只能拿其支架），以免弄脏或损坏。

（2）汞灯的紫外光很强，不可直视，以免灼伤眼睛。

3.7.6 思考题

（1）分光计调节有何技巧？写出体会。

_____

_____

_____

_____

（2）描述通过分光计对汞光谱观察的现象。

_____

_____

_____

_____

（3）分析光栅面和入射平行光不严格垂直时对实验有何影响？

_____

_____

_____

_____

_____

3.8　偏振光的产生及检验实验

3.8.1　实验目的

（1）学习、巩固偏振光和起偏器、检偏器、波片的理论知识；

（2）了解产生与检验偏振光的元件和仪器；

（3）掌握产生与检验偏振光的条件和方法。

3.8.2　实验仪器与设备

实验仪器包括激光器 1 个，偏振片 2 片，$\lambda/4$、$\lambda/2$ 和 λ 波片各 2 片，光具座 1 个，夹持器若干，观察屏。

3.8.3　实验原理

从自然光中获得线偏振光的过程，称为起偏。获得线偏振光的方法有：反射及折射产生线偏振光，由二向色性产生线偏振光，晶体双折射产生线偏振光。本实验将熟悉晶体双折射产生线偏振光的方法，其原理如图 3-25 所示。

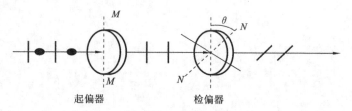

起偏器　　　　　　检偏器

图 3-25　线偏振光产生及检验的原理

利用偏光器件对光的偏振性质进行测量和鉴别，实验中通过观察光强变化来确定偏振光的偏振态。

1. 线偏振光产生与鉴别

本实验利用双折射晶体（格兰棱镜）作为起偏器和检偏器。检验线偏振光可用一检偏器，当检偏器透光轴与线偏振光之间的夹角 θ 改变时，其光强随 θ 改变而改变，符合马吕斯定律，$I(\theta)=I_0\cos^2\theta$。

当 $\theta=90°$ 或 $\theta=270°$ 时，如偏振器是理想的，则 $I=0$，没有光从检偏器出射，此时检偏器处于消光位置。但在实验中，由于可见光、器件等原因，得不到较理想的消光效果。同样的原理，在 $\theta=0°$ 或 $\theta=180°$ 时，$I=I_0$，即出射的光强为最大。

这说明，当检偏器旋一周时，光强变化交替出现两次最亮和两次零光强，即两明两暗，且符合马吕斯定律,即该光为线偏振光。

2. 圆偏振光产生与鉴别

当线偏振光垂直入射到 1/4 波片,如果线偏振光的振动方向与 1/4 波片的快轴和慢轴呈 45°角,此时透过 1/4 波片的光是圆偏振光。当检偏器旋转时,光强没有变化。

3. 椭圆偏振光的产生与鉴别

当线偏振光入射到 1/4 波片时,如果线偏振光的振动方向与 1/4 波片的慢轴的夹角不等于 45°,这时透过 1/4 波片的光就是椭圆偏振光,其长轴与波片的快轴或慢轴平行。当椭圆偏振光通过旋转的检偏器时,光强会出现两明两暗,但不能消光,这是它与线偏振光最大的区别。

3.8.4　实验内容与步骤

1. 认识实验器件

对照实物,认识本实验所用的各个实验器件。

2. 放置、调整实验器件

按图 3-25 所示将实验器件放置在光具座上,并使之同轴等高,调整偏振片、各波片使之与激光束垂直。

3. 调整光束

调整光束,使得激光源发出的光束应平行于光具座,并保证中心高度合适,使光束的中心通过光路器件中的部件的中心。

4. 线偏振光的产生与检验

(1) 将两偏振片的透光轴方位调成平行:旋转检偏器,仔细观察经起偏器和检偏器透射的光强,光强一样(均为 I_0)时两偏振片的透光轴方位平行。

(2) 将检偏器旋转一周,观察实验现象,并给予解释。

5. 波片及其作用检验

(1) $\lambda/2$ 和 λ 波片对偏振光的作用的检验:将 $\lambda/2$ 波片按图 3-26 所示置于起偏器和检偏器之间,将检偏器旋转一周,观察实验现象,并给予解释(检验 λ 波片对偏振光作用的过程与检验 $\lambda/2$ 的过程相同)。

(2) 椭圆偏振光的产生与检验:将两偏振片的透光轴方位调成垂直,将 $\lambda/4$ 波片按图 3-26 所示置于起偏器和检偏器之间,将检偏器旋转一周,观察实验现象,并给予解释。

3.8.5　注意事项

调整光路时不能用眼睛正对激光束,以免伤害眼睛。要用白屏接收光。

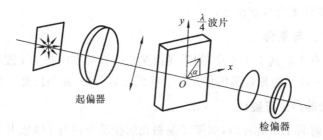

图 3-26　圆偏振光、椭圆偏振光产生的原理

3.8.6　思考题

（1）实验中，在检验光束的偏振态时，其中有一个操作是旋转检偏器一周，能否改为旋转起偏器？

_____

_____

_____

_____

（2）现有 $\lambda/2$ 和 $\lambda/4$ 波片各 1 片，外形完全一样，因标记脱落无法辨认，给你上述实验器件，你有何办法将它们区别开来？

_____

_____

_____

_____

3.9　用 WGD-5 型组合式多功能光栅光谱仪研究光谱实验

3.9.1　实验目的

(1) 熟悉 WGD-5 型组合式多功能光栅光谱仪的使用方法；

(2) 熟悉 WGD-5 型组合式多功能光栅光谱仪光谱分析原理；

(3) 能够对常见的几种光源的光谱成分进行分析与处理。

3.9.2　实验仪器

实验仪器由 WGD-5 型组合式多功能光栅光谱仪、计算机、钠光源、激光光源、汞光源、白炽灯光源等组成。

WGD-5 型组合式多功能光栅光谱仪由光栅单色仪、接收单元、扫描系统、电子放大器、A/D 采集单元、计算机组成。该设备集光学、精密机械、电子学、计算机技术于一体，如图 3-27 所示。

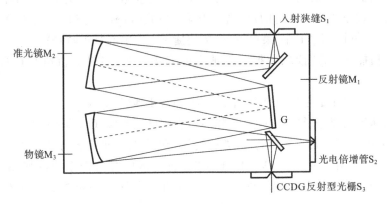

图 3-27　光学原理图

3.9.3　实验原理

接收入射狭缝、出射狭缝均为直狭缝，宽度范围为 0～2 mm 连续可调，光源发出的光束进入狭缝 S_1，S_1 位于反射式准光镜 M_2 的焦面上，通过 S_1 射入的光束经 M_2 反射成平行光束投向平面光栅 G 上，衍射后的平行光束经物镜 M_3 成像在 S_2 上或 S_3 上。

M_1、M_2 的焦距为 302.5 mm，光栅 G 每毫米刻线 1200 条，波长范围为 200～800 nm。附件中 2 片滤光片工作区间为：白片，320～500 nm；黄片，500～800 nm。

3.9.4　实验内容和步骤

1. 狭缝的调整

方法：入射狭缝 S_1 为直狭缝，宽度范围为 0～2 mm 连续可调，顺时针旋转为狭缝宽度加大，反之减少，每旋转一周狭缝宽度变化 0.5 mm。

调整注意：狭缝调节时最大不超过 2 mm，实验结束时，将狭缝宽度开到 0.1～0.5 mm。

2. 接收系统的转换

将出射狭缝设置为 S_2，将单色仪前的扳手推到光电倍增管标牌位置即可。

3. 倍增管处理系统的使用

（1）接通光栅光谱仪的电源开关，开启计算机，双击桌面左下角的"Wgd5-光倍增管"图标，即可进入倍增管处理系统，此时弹出一个友好界面，按任意键，弹出一个对话框，确定当前波长位置，显示工作界面。

（2）了解光倍增管工作界面的组成。

（3）将实验用的钠光源放在狭缝前，开启钠灯。

（4）工作方式：模式设置为能量，间隔（两个数据点之间的最小波长）系统有 5 个选择，通过下拉式菜单可任意设置。

（5）工作范围的设置：起始波长最小为 200 nm，终止波长最大为 800 nm，同时在最大值和最小值两个编辑框中输入相应的值；当使用动态方式时，最大值和最小值设置不起作用。

（6）单击"菜单栏"中"工作"菜单项（或按快捷键 F1）中的"单程扫描"。

（7）单程扫描后进行"读取数据"，将钠光的光谱波长、能量等值填写在自行设计的表格中。

（8）将滤光片插在滤光片插口上，重复步骤（6）、步骤（7）。

（9）换用其他光源，重复步骤（3）、步骤（4）、步骤（5）、步骤（6）、步骤（7）。

（10）在上述内容完成的基础上，可尝试使用光电倍增管处理系统其他功能。

说明：因为学生有一定的计算机操作基础，加上倍增管处理系统的使用、工作界面和 Windows 标准操作一致，系统的操作不再详述，如需详细了解可参见光电倍增管使用说明书。

3.9.5　思考题

（1）通过对各类光源特征谱线的总结，说说常见的光源哪些属于线状谱，哪些属于连续谱。

（2）光栅在此系统中起到什么作用？

3.10   用偏光显微镜研究偏振光干涉及单轴晶体性质的实验

3.10.1   实验目的

（1）熟悉偏光显微镜光路原理及使用方法；

（2）观察单轴晶体会聚偏振光干涉现象，测定单轴晶体的正负。

3.10.2   实验仪器和装置

1. 偏光显微镜，旋转台，多种待测晶片

偏光显微镜是研究晶体光学性质的重要仪器，是产生偏振光干涉的一种装置。与一般生物显微镜相比，主要区别是它装有两个偏光镜，一个作为起偏器，另一个作为检偏器使用。它由如下四部分组成，如图 3-28 所示。

图 3-28   偏光显微镜结构示意图

照明系统：由反光镜、聚光镜、可变光阑、拉索透镜、滤光片（装在目镜中）组成。

成像系统：由物镜和目镜组成。

偏光系统：由起偏镜、检偏棱镜、补偿器组成。透过起偏镜的线偏振光，通过待测晶片，形成振动方向互相垂直的两束线偏振光（o 光和 e 光）。穿过检偏棱镜时，两束线偏振光在检偏棱镜的透光轴方向上的分量产生干涉。用目镜可观察到这种会聚偏振光干涉现象。补偿器起补偿光程差的作用。

聚光系统：用高倍物镜观察时，需移入拉索透镜，拉索透镜和勃氏镜组成聚光系统。

2. 五轴旋转台

五轴旋转台是偏光显微镜的辅助设备，装在偏光显微镜的载物台上，可用来改变待测晶片的空间取向等。

3.10.3   实验原理

本实验利用偏光显微镜产生的会聚偏振光干涉图样，研究晶体的主要光学性质。

（1）单色光照明时，光轴垂直晶片表面的单轴晶片的会聚偏振光干涉图样由一个暗十字和一些以暗十字交点为中心的明暗相间的干涉环纹所组成。暗十字的两臂分别平行偏光显

微镜中起偏镜和检偏棱镜的透光轴方向,两臂的交点 O 就是被测单轴晶体的光轴方向和干涉图样的交点。

(2) 白光照明时,光轴垂直表面的单轴晶片的会聚偏振光干涉图样由一个暗十字和一些以暗十字的交点为中心的彩色环纹所组成。其原因是沿光轴方向前进的居中光线,不发生双折射,其他光线会发生双折射,从同一条入射光线分出的 o 光和 e 光,在射出晶片后仍是平行的,且有一定的位相差,它们在透过检偏器后将会聚在干涉场的同一点处,叠加时会发生干涉。

从对称性原理分析可知,在图 3-29 中以 D 为顶点,顶角为 i 的锥面上所有光线,它们的光程差都是相等的,因此,它们处在同一圆周上。

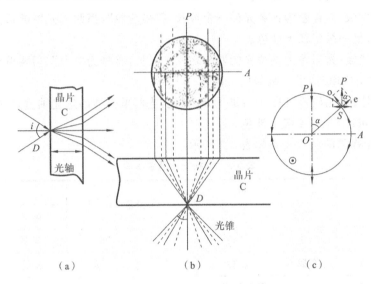

(a)　　　　　　　(b)　　　　　　　(c)

图 3-29　会聚偏振光通过晶片

另一方面,由于在同一圆周上,由光线与光轴所构成的主平面的方向是逐点改变的,参与干涉的两支光的振幅,将随入射面相对于正交的两偏振器的透光轴的方位改变而改变。例如在 S 点,在透过下偏振器时,它的光矢量是沿着 SA 方向的(见图 3-29(c)),在晶片中分成 o 光和 e 光,经过检偏器时,在检偏器透光轴上的投影大小为

$$A_{2e} = A_{2o} = A\sin\theta\cos\theta$$

式中: θ 为 DS 与起偏器透光轴之间的夹角。

当 S 点趋于 A、A_1 或 P、P_1 时,θ 趋于 $0°$ 或 $90°$,A_{2e} 和 A_{2o} 都趋于零,因此,在干涉图样中出现暗的十字形。通常把这个十字形称为暗十字刷,如图 3-30 所示。

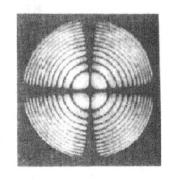

图 3-30　会聚偏振光干涉图
(单轴晶体垂直光轴切割)

旋转偏光显微镜的工作台时,暗十字刷的中心不会随晶片的转动而转动。如果晶片的光轴不与表面垂直,旋转工作台时,暗十字刷的中心会打圈。如果被测薄片是各向同性的均匀介质,旋转工作台时,目镜视场中光强不会发生变化,并且是暗视场。根据这些现象,就可

判断被测薄片是否为单轴晶片,光轴方向是否垂直于晶体表面。

(3) 由于在正单轴晶体中,$n_e > n_o$,在负单轴晶体中,$n_e < n_o$。因此,测出 n_e、n_o 相对大小后,就可判断被测晶体是正单轴晶体还是负单轴晶体。

实际测量时,用白光照明,利用加补偿板使会聚偏振光色序发生变化的方法来解决这一问题。往偏光显微镜中插入一补偿板,由它引入的光程差一般在波长的数量级。当快慢轴的方向在被测晶片表面上的投影与补偿板同名轴平行时,总的光程差为两晶片的光程差之和,干涉色序升高;当两同名轴垂直时,总的光程差为两晶片的光程差之差,干涉色序降低。这称为补色原理。补偿板的轴性通常都已给出,借此就可测定单轴晶体的正负轴及快慢轴。

(4) 常用的补偿板有以下几种。

① 石膏补偿板:光程差为钠黄光的一个波长,符号为"λ",当两偏光器的透光轴垂直并在45°方位应用时,呈一级紫红干涉色。

② 云母补偿板:光程差为钠黄光的四分之一个波长,符号为"λ/4",当两偏光器的透光轴垂直并在45°方位应用时,呈一级灰白干涉色。

③ 石英补偿板:光程差可在0~1800 nm变化,当两偏光器的透光轴垂直并在45°方位应用时,由薄到厚可产生1~4级干涉色。

干涉色与光程差的对应关系如表3-3所示。

表3-3　偏振光干涉色序表

光程差/nm	干涉色		光程差/nm	干涉色	
	正交	平行		正交	平行
0	黑	白	565	深蓝	黄绿
40	金属灰	白	589	靛蓝	金黄
97	岩灰	鹅黄	664	天蓝	橙
158	灰蓝	鹅黄	728	浅青绿	褐橙
218	淡灰	黄褐	747	绿	洋红
234	绿白	褐	826	亮绿	鲜绛红
259	白	鲜红	843	黄绿	紫绛红
267	淡黄	洋红	866	绿黄	紫
275	淡麦黄	暗红褐	910	纯黄	靛蓝
281	麦黄	暗紫	948	橙	暗蓝
306	黄	靛蓝	998	亮红橙	绿蓝
332	亮黄	天蓝	1016	猩红	蓝绿
430	褐黄	灰蓝	1101	紫红	绿
505	红橙	淡蓝绿	1114	亮绿紫	黄绿
536	火红	亮绿	1120	深蓝	黄绿
560	紫	黄绿			

第一级(左侧)　第二级(右侧)

3.10.4　实验内容和步骤

1. 认识实验仪器

对照实物了解仪器装置的结构。

2. 调整实验仪器

旋转台与偏光显微镜同轴性调节步骤如下。

(1) 将试片夹在载物台上；

(2) 用粗调旋钮将物镜调至接近试片处(从侧面看,一定不要和试片相接触)；

(3) 退出检偏棱镜、勃氏镜、拉索透镜；

(4) 用粗调旋钮将物镜边提升边通过目镜找到试片的像；

(5) 在试片上任找一个黑点,轻轻推试片使黑点和目镜的十字叉中心重合；

(6) 旋转载物台一周并观察在旋转一周的过程中黑点离开十字叉中心的距离(每一时刻是不同的),确定其中最大的距离,然后用内六角小扳手调最大距离的一半,用手移动试片调最大距离的一半,使之和十字叉中心重合,反复循环几次,直至无论怎样旋转载物台黑点都始终和十字叉中心重合,此时可认为仪器的机械轴与物镜的光轴重合。

3. 观察消光

推上检偏棱镜,旋转起偏镜,从目镜中观察消光现象。

4. 移入聚光系统

将拉索透镜和勃氏镜移入光路形成会聚偏振光干涉光路。

5. 观察干涉图样

将方解石晶片放在旋转台上,即可看到会聚偏振光的干涉图样。描述会聚偏振光的干涉图样：

_____

_____

_____

6. 测定单轴晶体的正负

在光路中插入石膏补偿板(负单轴晶体),观察干涉图样色序升降情况(对照偏振光干涉色序表(见表3-3)),即可知道晶体的正负。换用石英补偿板作进一步核实。记录并分析实验结果。

_____

_____

7. 鉴别待测晶体是否为各向异性晶体

当两偏振器的透光轴垂直,转动载物台一周时,若出现四次消光现象,则放在载物台上的被测薄片一定是各向异性晶体。

3.10.5　思考题

（1）偏光显微镜会聚偏振光干涉图样有什么特点？

_____

_____

_____

（2）拉索透镜和勃氏镜起什么作用？

_____

_____

_____

（3）为什么在载物台与偏光显微镜同轴性调节时,物镜调至接近试片时一定不要和试片相接触？

_____

_____

_____

光学测量实验

4.1　精密位移量的激光干涉测量方法及实验

4.1.1　实验目的

(1) 了解激光干涉测量的原理;

(2) 掌握微米及亚微米量级位移量的激光干涉测量方法;

(3) 了解激光干涉测量方法的优点和应用场合。

4.1.2　实验仪器

本实验采用泰曼-格林(Twyman-Green,简称 T-G)干涉系统,T-G 干涉系统是著名的迈克尔逊白光干涉仪的简化。用激光为光源,可获得清晰、明亮的干涉条纹,其原理如图 4-1 所示。

4.1.3　实验原理

激光通过扩束准直系统 L_1 提供入射的平面波(平行光束)。设光轴方向为 Z 轴,则此平面波可表示为

$$U(Z) = Ae^{ikz} \tag{4-1}$$

式中:A 为平面波的振幅;$k = \dfrac{2\pi}{\lambda}$,为波数;$\lambda$ 为激光波长。

此平面波经半反射镜 BS 分为两束,一束经参考镜 M_1 反射后成为参考光束,其复振幅 U_R 可表示为

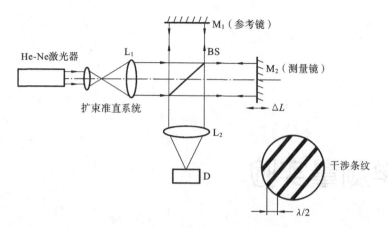

图 4-1　T-G 干涉系统工作原理

$$U_R = A_R \cdot e^{\phi_R(z_R)} \tag{4-2}$$

式中：A_R 为参考光束的振幅；$\phi_R(z_R)$ 为参考光束的位相，它由参考光程 z_R 决定。

另一束为透射光，经测量镜 M_2 反射，其复振幅 U_t 可表示为

$$U_t = A_t \cdot e^{\phi_t(z_t)} \tag{4-3}$$

式中：A_t 为测量光束的振幅，$\phi_t(z_t)$ 为测量光束的位相，它由测量光程 z_t 决定。

此两束光在 BS 上相遇，由于激光的相干性，因而产生干涉条纹。干涉条纹的光强 $I(x,y)$ 由式(4-4)决定：

$$I(x,y) = U \cdot U^* \tag{4-4}$$

式中：$U = U_R + U_t$，$U^* = U_R^* + U_t^*$，而 U^*，U_R^*，U_t^* 为 U，U_R，U_t 的共轭波。

反射镜 M_1 与 M_2 彼此间有一交角 2θ，将式(4-2)、式(4-3)代入式(4-4)，且当 θ 较小，即 $\sin\theta \approx \theta$（近似等于）时，经简化可求得干涉条纹的光强为

$$I(x,y) = 2I_0[1 + \cos(kl2\theta)] \tag{4-5}$$

式中：I_0 为激光光强；l 为光程，光程差，$l = z_R - z_t$。

式(4-5)说明干涉条纹由光程差 l 及交角 θ 来调制。当 θ 为一常数时，干涉条纹的光强如图 4-2 所示。当测量在空气中进行，且干涉臂光程不大，略去大气的影响，则

$$l = N \cdot \frac{\lambda}{2} \tag{4-6}$$

式中：N 为干涉条纹数。

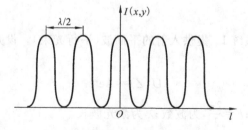

图 4-2　干涉光强变化特征曲线

因此，记录干涉条纹移动数，已知激光波长，由式(4-6)即可测量反射镜的位移量，或反

射镜的轴向变动量 ΔL。干涉条纹的计数,从图 4-1 可知,定位在 BS 面上或无穷远处的干涉条纹由成像物镜 L_2 将条纹成在探测器上,实现计数。

测量灵敏度:当 $N=1$ 时,$\Delta l=\dfrac{\lambda}{2}$,$\lambda=0.63\ \mu m$(He-Ne 激光),则 $\Delta l=0.3\ \mu m$。如果细分 N,一般以 1/10 细分为例,则干涉测量的最高灵敏度为 $\Delta l=0.03\ \mu m$。

4.1.4　实验光路

如图 4-3 所示,激光器发出的激光经衰减器(用于调节激光强度)后由两个定向小孔Ⅰ、Ⅱ引导,经反射镜Ⅰ、Ⅱ进入扩束准直物镜Ⅰ、Ⅱ(即图 4-1 中的 L_1),由分光镜(即图 4-1 中 BS)分成二束光,分别由反射镜Ⅲ(即图 4-1 中的 M_1)、反射镜Ⅴ(M_2)反射形成干涉条纹并经成像物镜(即图 4-1 中 L_2)将条纹成于 CMOS 上(即 D),这样在计算机屏上就可看到干涉条纹,实现微位移的测量。

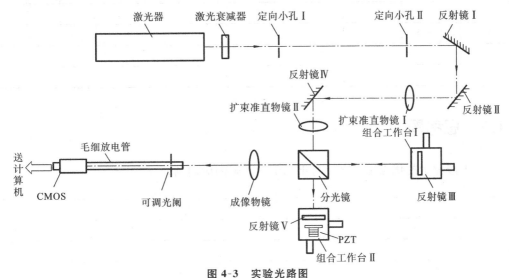

图 4-3　实验光路图

4.1.5　实验内容和步骤

1. 公共部分操作步骤

(1) 开机,激光器迅速启辉,待光强稳定;

(2) 打开驱动电源开关;

(3) 检查 CMOS 上电信号灯亮否;

(4) 调整光路时若移开反射镜Ⅱ、Ⅳ,扩束激光;移入反射镜Ⅱ、Ⅳ,不扩束激光。

注:以下所有实验的开始步骤均同公共部分。

2. 本实验操作步骤

(1) 扩束。

（2）在组合工作台Ⅰ、Ⅱ上分别装平面反射镜Ⅲ、Ⅴ，在组合工作台Ⅰ、Ⅱ上调节水平与竖直方向测微器，使两路反射光较好重合（在成像物镜后焦面上，两反射光会聚的焦斑重合）。

（3）打开计算机，然后微调工作台上测微器，在显示屏上看见干涉条纹。

（4）调整CMOS在轨道上的位置，使干涉条纹清晰后锁定位置，再调节可调光阑的孔径，滤除分光镜寄生干涉光。

（5）测量程序操作参见软件操作说明书。

4.1.6　实验记录(其中 $\lambda = 632.8$ nm)

精密位移量的激光干涉测量结果记录于表4-1中，$\lambda = 632.8$ nm。

表 4-1　激光干涉测量记录

序号	驱动位移量(L)	条纹数(N)	$\left(N \cdot \dfrac{\lambda}{2}\right)$测量位移量(L)	备注
1				
2				
3				
4				

4.1.7　思考题

（1）干涉测量的优点是什么？写出几个你了解的应用场合。

_____

_____

_____

_____

（2）干涉测量采用激光有什么优点？

_____

_____

_____

_____

（3）干涉条纹的间隔大小对测量有什么影响？应如何取值？

_____

_____

_____

_____

（4）一般干涉测量有什么不足，如何改进？

_____

_____

_____

_____

附：实验干涉条纹，如图 4-4 所示。

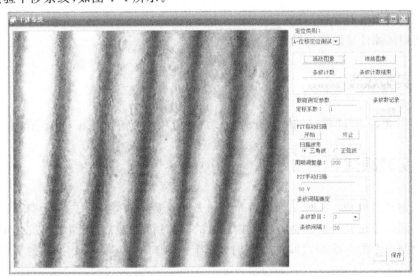

图 4-4　实验干涉条纹

4.2　缝宽或间隙的衍射测量实验

4.2.1　实验目的

（1）了解激光衍射计量原理；

（2）利用间隙计量法测量缝宽。

4.2.2　实验仪器

He-Ne 激光器、衰减器、反射镜、分光镜、透镜（组）、各种衍射屏、CMOS、光阑、计算机等。

4.2.3　实验原理

激光衍射计量的基本原理是利用激光下的夫朗禾费衍射效应。夫朗禾费衍射是一种远场衍射。衍射计量是利用被测物与参考物之间的间隙所形成的远场衍射来完成的。当激光照射被测物与参考的标准物之间的间隙时，相当于单缝的远场衍射。当入射平面波的波长为 λ，入射到长度为 L、宽度为 w 的单缝上（$L > w > \lambda$），并与观测屏距离 $R \gg \dfrac{w^2}{\lambda}$ 时，在观测屏 E 的视场上将看到十分清晰的衍射条纹。

图 4-5 所示的是计量原理图，图 4-6 所示的是等效衍射图。在观察屏 E 上由单缝形成的衍射条纹，其光强 I 的分布由物理光学知道有

$$I = I_0 \left(\frac{\sin^2 \beta}{\beta^2} \right) \tag{4-7}$$

式中：$\beta = \left(\dfrac{\pi w}{\lambda} \right) \sin\theta$；$\theta$ 为衍射角；I_0 是 $\theta = 0°$ 时的光强，即光轴上的光强度。

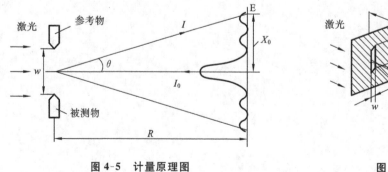

图 4-5　计量原理图

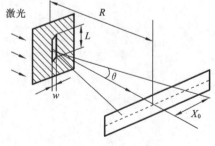

图 4-6　等效衍射图

式（4-7）就是远场衍射光强分布的基本公式，说明衍射光强随 $\sin\beta$ 的平方而衰减。当 $\beta = 0, \pm\pi, \pm 2\pi, \pm 3\pi, \cdots, \pm n\pi$ 时将出现强度为零的条纹，即 $I = 0$ 的暗条纹。测定任一个暗

条纹的位置变化就可以知道间隙 w 的尺寸。这就是衍射计量的原理。

因为 $\beta=\left(\dfrac{\pi w}{\lambda}\right)\sin\theta$，对暗条纹则有

$$\left(\frac{\pi w}{\lambda}\right)\sin\theta=n\pi \tag{4-8}$$

当 θ 不大时，从远场条件，有

$$\sin\theta\approx\tan\theta=\frac{x_n}{R} \tag{4-9}$$

式中：x_n 为第 n 级暗条纹中心距中央零级条纹中心的距离；R 为观察屏距单缝平面的距离。

最后有

$$w=\frac{Rn\lambda}{x_n} \tag{4-10}$$

这就是衍射计量的基本公式。为计算方便，设 $\dfrac{x_n}{n}=t$，t 为衍射条纹的间隔，则

$$w=\frac{r\lambda}{t} \tag{4-11}$$

已知 λ 和 $R(R=f)$，测定两个暗条纹的间隔 t，就可计算出 w 的精确尺寸。

当被测物尺寸改变 σ 时，相当于狭缝尺寸 w 改变 σ，衍射条纹中心位置随之改变，则有

$$\sigma=w-w_0=n\lambda R\left(\frac{1}{x}-\frac{1}{x_0}\right) \tag{4-12}$$

式中：w_0、w 分别为起始缝宽和最后缝宽；x_0、x 分别为起始时衍射条纹中心位置和变动后衍射条纹中心位置（条纹级次 n 不变）。

根据式（4-12），可以由一个狭缝边的位置推算另一边的位置，即被测物尺寸或轮廓完全可由被测物和参考物之间的缝隙所形成的衍射条纹位置来确定。

利用激光下形成的清晰衍射条纹就可以进行微米量级的非接触的尺寸测量。

4.2.4　实验光路

如图 4-7 所示，激光不用扩束，直接照射衍射试件夹上的试件，在探测器上形成远场衍射条纹，即可测量。

4.2.5　实验步骤

（1）激光不扩束，光路中插入反射镜Ⅰ及Ⅱ。

（2）将分光镜转 $90°$，在试件夹上放黑纸屏或取消试件夹，让透射光逸至实验平台。

（3）切换试件夹中的衍射试件（可调狭缝，光刻片狭缝系列）。

（4）移动 CMOS 使计算机图像清晰，并锁定。

（5）利用程序记录狭缝系列对应一级、二级、三级衍射条纹间距。

（6）更换不同狭缝，实现定标和计量。

注意：衍射试件缝宽及小孔直径如图 4-8 所示（图中尺寸单位为毫米）。

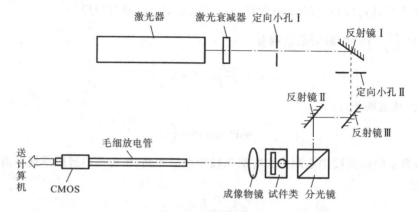

图 4-7　实验光路图

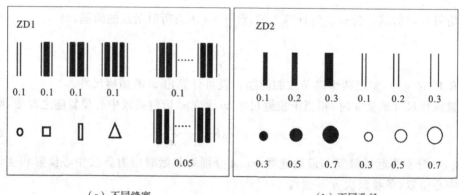

（a）不同缝宽　　　　　　　　　　　（b）不同孔径

图 4-8　衍射试件

4.2.6　实验表格

将缝宽或间隙的衍射测量数据填入表 4-2 中，其 $R=180$ mm，$\lambda=632.8$ nm。

表 4-2　不同缝宽或间隙衍射实验数据记录表

	衍射级数(n)	x_n	w	$\overline{w}$
1				
2				
3				

附:衍射实验图像,如图 4-9 所示。

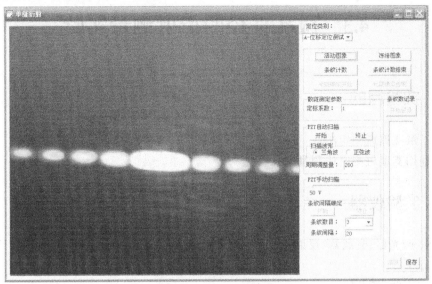

图 4-9　衍射实验图像

4.3 微孔直径的衍射测量实验

4.3.1 实验目的

（1）了解艾里斑测定法；

（2）利用艾里斑测定法测量微孔直径。

4.3.2 实验仪器

He-Ne 激光器、衰减器、反射镜、分光镜、透镜（组）、各种衍射屏、CMOS、光阑、计算机等。

4.3.3 实验原理

由物理光学可知，平面波照射的开孔不是矩形而是圆孔时，其远场的夫朗禾费衍射像的中心为一圆形亮斑，外面绕着明暗相间的环形条纹。这种环形衍射像就称为艾里斑，如图4-10所示。

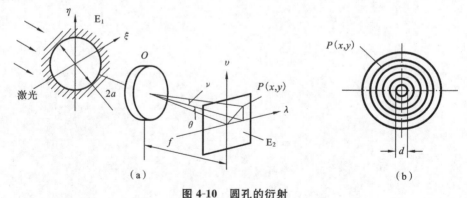

图 4-10 圆孔的衍射

P 点的光强分布：

$$I_p = f(\theta,\nu) \cdot f^*(\theta,\nu) = I_0 \left[\frac{2J_1(x)}{x} \right]^2 \quad \left(x = \frac{2\pi a \sin\theta}{\lambda} \right) \tag{4-13}$$

式(4-13)是艾里斑的光强分布式，当 $x=0$ 时，即为中央亮斑，它集中了 84% 左右的光能量。第一暗环的 d 即中央亮斑的直径，由于

$$\sin\theta \approx \theta = \frac{d}{2f'} = 1.22 \frac{\lambda}{2a} \tag{4-14}$$

得到艾里斑中心亮斑的直径为

$$d = 1.22 \frac{\lambda f'}{a} \tag{4-15}$$

当已知 f'、λ 时，测定 d 就可以求取 a 值，即微孔的尺寸。

4.3.4 实验光路

同实验 4.2。

4.3.5 实验步骤

(1) 激光不扩束。
(2) 将分光镜转 $90°$。
(3) 切换试件夹中的衍射试件(微孔系列)。
(4) 移动 CMOS 使图像清晰,并锁定。
(5) 记录微孔系列衍射圆环分布。
(6) 更换不同微孔,利用计算机程序实现定标和计量。

4.3.6 实验记录(其中 $f=180$ mm, $\lambda=632.8$ nm)

圆孔衍射数据记录如表 4-3 所示。

表 4-3 圆孔衍射数据记录

序号	a(艾里斑直径)	a(小孔直径)
1		
2		
3		
4		

附:实验图像,如图 4-11 所示。

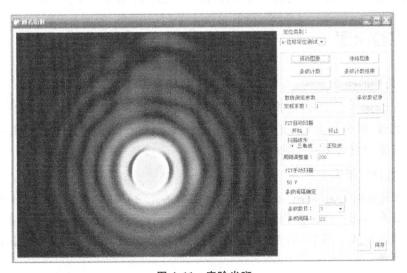

图 4-11 实验光斑

5

光学元件及检测系统

5.1 光学元件基本几何参数实验

5.1.1 实验目的

（1）了解光学元件的基本参数；

（2）学习光学元件的检验、清洁以及线性尺寸的测量方法。

5.1.2 实验仪器

测量显微镜、台灯、洗耳球、脱脂棉布、酒精、镜头纸、游标卡尺等。

5.1.3 实验原理

1. 光学元件的检验

在清洁光学元件之前，请先检查光学元件来判断污染物的种类和严重程度。这个检查步骤不能被跳过，因为光学元件的清洁过程通常包含溶剂和对光学表面的物理接触，如果处理过于频繁可能会对光学元件造成伤害。

2. 光学元件的清洁

（1）光学元件的清洁顺序。黏附有多种污染物的光学元件的清洁顺序非常重要，按顺序清洁可以保证在移除一种污染物时光学表面不会被其他污染物破坏。比如，如果一个光学元件同时被油污和灰尘污染，那先擦拭油污会划伤光学表面。这是因为在擦拭油污时灰尘也会沿表面摩擦。

（2）吹拭光学元件的表面。在做其他任何清洁技术之前，通常需要先吹走灰尘和其他松散的污染物。这种方法需要使用惰性除尘气体罐或者洗耳球。不要直接用嘴对着光学元件的表面吹,因为它很可能会把唾液沉积在光学表面上。如果使用的是惰性除尘气体罐,请在使用前和使用过程中都将气罐正置。不要在使用前或使用时摇晃气罐。并且在吹气前将喷嘴远远地对准光学元件。这些步骤有助于防止惰性气体推进剂沉积在光学表面上。对大尺寸的光学元件,在光学表面吹气。这种清洁方法适用于几乎所有类型的光学元件。然而,对于某些光学元件,比如全息光栅、刻划光栅、无保护金属反射镜、方解石偏振器和薄膜分束器等,在物理接触下都可能会损伤,吹拭是唯一可用的清洁方法。由于这种清洁方法具有无接触和不用溶剂的特点,因此它应该作为几乎所有光学元件清洁的第一步骤。

注意:微米厚的硝化纤维膜特别脆弱,极易被表面上的空气压力振碎。如果对这些光学元件使用灌装空气,需要确保瓶子离得够远,以防破坏膜层。方解石偏振器上经过抛光的通光面非常微妙,如果吹的气体太接近其表面会被破坏。

(3)其他清洁方法。如果吹拭光学元件表面还不够,就需要采用其他可行的清洁方法及其材料。当清洁一个光学元件时,经常使用干净的擦拭纸和光学级别的溶剂,以防止被其他污染物破坏。擦拭纸必须用合适的溶剂润湿,千万不能干燥使用。可用的涂敷器包括擦拭纸(出于柔软度的考虑)、镜头纸和棉签等。在清洁过程中采用的典型的溶剂有丙酮、甲醇、异丙酮等。请谨慎使用这些溶剂,因为大多数溶剂都是有毒的或易燃的,或者两者兼有。在使用任何溶剂之前,请务必了解产品使用注意事项。

(4)清洗光学元件。如果得到制造商的确认,可以通过浸泡在蒸馏水或光学皂中的办法去除指纹和大的灰尘粒子。光学元件的浸泡时间不应长于除去污染物所必需的时间。之后,用干净的蒸馏水清洗光学元件。根据光学元件类型可以选择拖放擦拭纸方法。拖曳方法可以用于清洁上面提到的任何表面平坦的光学表面。

(5)用镊子使用镜头纸或者涂敷器的方法。这种方法经常用于固定的或者曲面光学元件,要求用溶剂清洁。先检查光学元件,确定污染源的位置。规划好擦拭的路径,使其在光学表面拖动大污染物的路径最短。如果镜头纸被使用过,必须对半折叠镜头纸,保证与光学元件接触的面没有被使用过。用镊子夹紧镜头纸,以这种方式流畅地擦过光学表面。然后滴两滴溶剂到镜头纸上。镜头纸要湿润但不能滴水,如果加了太多的溶剂,甩甩镜头纸,把多余的溶剂都甩掉。镜头纸应该以一个流畅的动作滑过光学表面。在擦拭过程中,不断地,但是慢速地旋转镜头纸。连续地改变与光学表面接触的部分,将旋转向上,远离任何有累积污染物的表面。

在擦拭之后,检查光学元件是否还有任何残留的污染物或者条纹,如果还有,可以用一张新镜头纸继续清洁光学表面。在使用镜头纸时,如果使用太多溶剂,会在光学元件表面上留下擦拭而形成的条纹。如果在镜头纸的边缘形成条纹,选择更大的涂敷器或者规划一条可以连续擦拭的路径,来消除光学表面的擦拭痕迹。如果使用的是螺旋或者蜿蜒的擦拭路径,可能需要使用挥发较慢的溶剂,从而保证在擦拭完成前光学表面不会干。

3. 光学元件线性尺寸的测量

线性尺寸,简称尺寸,是指两点之间的距离,如直径、半径、宽度、深度、高度、中心距等。我国国家标准采用毫米(mm)为尺寸的基本单位,一般来说,当尺寸的单位缺省时即为 mm。

线性尺寸是光学元件最重要的参数之一,是衡量其光学性能的重要依据,了解光学元件的线性尺寸在实际应用中具有重要的意义。

5.1.4 实验步骤

1. 光学元件的检验步骤

（1）取出待检验的样品（如一片透镜），首先目测透镜表面，观察有无明显的伤痕或者缺陷。

（2）若目测无明显缺陷，则将透镜放置于光学显微镜的载物台上，调节显微镜的目镜，使视野中呈现清晰的像，轻微移动透镜，观察表面，将有污痕或者纤维杂质的透镜放置一边以便进一步做样品的清洁。

（3）更换其他样品，重复以上步骤，熟练使用显微镜。

2. 光学元件的清洁步骤

（1）任取上一检验步骤中的样品，观察、辨别样品污染的程度。

（2）若样品污染属于单纯微粒或纤维污染，可以采用吹拭光学元件表面的方法。具体方法：打开光学清洁箱，取出皮老虎，对准透镜表面轻轻吹，然后拿到显微镜下观察是否还有杂质，若有，继续吹拭，直至表面清洁如新。

（3）若样品污染属于油污类混合微粒污染，必须先进行吹拭工作，确保将微粒完全吹走后方可进行擦拭。擦拭的具体方法如下：首先，检查光学元件并确定污染物的位置。这样就可以事先规划拖的方向，有助于尽快将污染物从光学元件的表面沾起，而不是拖过光学元件的表面。在检查之后，放置并握紧光学元件，从而使表面上的侧向力比较弱，不会引起光学元件移动。取一片新的、干净的镜头纸，并置于光学元件的上方（不接触），这样当你拉动镜头纸时它将会掠过光学表面。然后再在镜头纸上滴一到两滴会快速挥发的溶剂，并置于光学元件上方。溶剂的重量会促使镜头纸下垂并接触光学表面。慢慢地、匀速地拉动湿镜头纸滑过光学元件的表面，小心避免镜头纸在表面拉起。继续拉动镜头纸直到它离开光学表面。正确的溶剂量会使镜头纸在整个拖动过程中保持湿润，在拖曳结束后又不会在光学表面上留下任何可见的溶剂痕。检查光学元件，如果需要可以再次重复，但每张镜头纸只能用一次。因为镜头纸只是轻微接触光学表面，所以这种清洁方法是许多应用的首选。使用这种方法能成功地除去光学表面附着的微小颗粒和油脂。高浓度的污染物往往需要反复多次地清理。

（4）擦拭的方法也可以选用长丝棉，此方法多适用于擦拭激光管的窗片和腔镜等不适合步骤（2）中所用方法的光学元件表面。

3. 光学元件线性尺寸的测量

（1）测量透镜的直径。用游标卡尺测量水平方向的直径并记录，再测量竖直方向直径，两次测量的结果取平均值即可认为是此透镜的直径。

（2）测量毛玻璃的长度、宽度和厚度。用刻度尺直接测量毛玻璃的长度、宽度和厚度并记录，多次测量取平均值。

（3）用游标卡尺精确测量毛玻璃的厚度，与刻度尺的测量结果作对比。

（4）用测量显微镜精密测量分辨率板。测量显微镜的具体操作方法请仔细阅读说明书。

5.1.5　思考题

（1）简述光学零件清洁的方法。

_____

_____

_____

（2）简述光学元件尺寸测量方法。

_____

_____

_____

5.2 光学透镜焦距检测实验

5.2.1 实验目的

(1) 掌握薄透镜焦距的常用测定方法；
(2) 研究透镜成像的规律。

5.2.2 实验仪器

光具座、光源、各种夹持器、透镜、目标板、CCD 等。

5.2.3 实验原理

1. 透镜成像原理

透镜分为会聚透镜和发散透镜两类，当透镜厚度与焦距相比甚小时，这种透镜称为薄透镜。如图 5-1 所示，设薄透镜的像方焦距为 f'，物距为 l，对应的像距为 l'，在近轴光线的条件下，透镜成像的高斯公式为

$$\frac{1}{l'} - \frac{1}{l} = \frac{1}{f'} \tag{5-1}$$

故

$$f' = \frac{ll'}{l - l'} \tag{5-2}$$

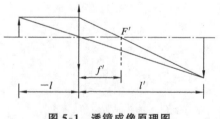

图 5-1 透镜成像原理图

应用式(5-2)时必须注意各物理量所适用的符号法则。在本实验中我们规定，距离自参考点(薄透镜光心)量起，与光线行进方向一致时为正，反之为负；运算时对已知量须添加符号，对未知量则根据求得结果中的符号判断其物理意义。

测量会聚透镜焦距的一般方法有：靠测量物距与像距求焦距。具体方法是：用反射照明光后的实物作为光源，其发出的光线经会聚透镜后，在一定条件下成实像，可用白屏接取实像加以观察，通过测定物距和像距，利用公式即可算出 f'。

2. 二次成像法

二次成像法测量焦距是通过透镜两次成像，测量出相关数据，通过成像公式计算出透镜焦距。

由透镜两次成像求焦距方法如图 5-2 所示。

当物体与白屏的距离 $l > 4f$ 时，保持其相对位置不变，则会聚透镜置于物体与白屏之间，可以找到两个位置，在白屏上都能看到清晰的像，如图 5-2 所示，透镜两位置之间的距离的绝对值为 d，运用物像的共轭对称性质，容易证明

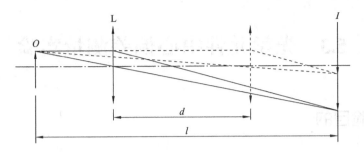

图5-2　透镜两次成像原理图

$$f' = \frac{l^2 - d^2}{4l} \tag{5-3}$$

式(5-3)表明,只要测出 d 和 l,就可以算出 f'。由于是通过透镜两次成像而求得 f' 的,故这种方法称为二次成像法,又称贝塞尔法。这种方法不需考虑透镜本身的厚度,因此用这种方法测出的焦距一般较为准确。

5.2.4　实验步骤

(1) 按图5-3所示沿导轨布置各器件并调至共轴,再使目标板与分划板之间的距离 $l > 4f'$;

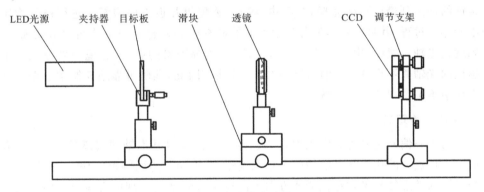

图5-3　两次成像光路装配图

(2) 移动待测透镜,使被照亮的目标板在分划板上成一清晰的放大像,记下待测透镜的位置 a_1 和目标板与分划板间的距离 l;

(3) 再移动待测透镜,直至在像屏上成一清晰的缩小像,记下L的位置 a_2,判断清晰像时在像屏位置放上反射镜,当目标板成像与目标图案完全重合时,为清晰像;

(4) 计算:

$$d = a_2 - a_1$$

$$f' = \frac{l^2 - d^2}{4l}$$

(5) 重复几次实验,计算焦距,取平均值。

5.3   光学元件中心偏差测量实验

5.3.1   实验目的

（1）掌握光学元件中心偏差的概念以及测量原理；
（2）掌握利用中心偏差检测仪测量光学元件的方法。

5.3.2   实验仪器

中心偏差检偏仪、待测透镜。

5.3.3   实验原理

　　光轴的一致性是保证光学系统成像质量的基本要求。透镜作为组成光学系统最基本的元件，其加工精度直接关系到整个光学系统最终的成像质量。按照传统的光学加工工艺，从单块透镜的加工到最后装配完毕，在磨边、胶合、装配等几道工序中都要进行被称为定中心或对准的操作过程，其目的就是使各光学表面的曲率中心调整到一条共同的基准轴上，这条基准轴就是光轴。然而，由于人为、机器、工艺、环境等因素的影响，透镜的外缘几何中心轴线与透镜的光轴并不重合，不能保证光轴的一致性。因此，准确可靠地控制中心偏差就成为光学设计中不可忽视的一个问题。

1. 中心偏差定义

　　透镜的中心偏差定义为光学表面定心顶点处的法线对基准轴的偏离量。中心偏差用光学表面定心顶点处的法线与基准轴的夹角来度量，此夹角称为面倾角，如图 5-4 所示。

　　当透镜的基准轴与光轴在位置或方向上出现偏差时就会出现中心偏差。中心偏差可以在透射光或反射光下测量，本实验选用透射光的方法。

2. 中心偏差检测仪的结构和原理

　　光学中心偏差测量仪就是为了精确测定并严格矫正光学系统中心误差而设计的仪器，是检测光学系统，特别是精密光学系统的中心偏差不可缺少的光学测量仪器，在光学透镜胶合、光学系统装校和检测中起着重要作用。

　　图 5-5 所示的是中心偏差检测仪的内部结构示意图。由光源发出的光经过聚焦和滤光后再经过十字分划板，并被反射镜反射，再由准直镜准直后成为一束绿色的平行光。光束经由准直、固定两个物镜，在反射镜的作用下照亮分划板，最后经过目镜进入人眼。

　　图 5-6 所示的是中心偏差检测仪的实物。

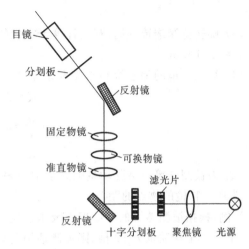

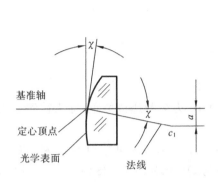

图 5-4　透镜中心偏差示意图　　　　　图 5-5　中心偏差检测仪的内部结构示意图

图 5-6　中心偏差检测仪实物图

5.3.4　实验步骤

（1）接通各部分电源后,观察光源照明亮度,以及显示器是否正常显示。若不正常、无分划刻线或者太亮太暗,可分别拧动光源亮度调节旋钮和监视器相关旋钮,使之舒适正常。

（2）将被测透镜放在透镜测量卡具上,拧动中心调节手柄。调整工作台,使被测镜片与显微物镜的光轴大致重合。

（3）根据所测量的透镜的大致焦距,选择合适倍数的可换物镜,粗调镜筒的升降,直至能模糊地看到一个绿色的十字像为止,然后微调镜筒,使看到的像达到最清晰,再将镜筒固定住。

（4）在视野中仔细观察,调节底座上的两个平移手柄,使绿色十字像与标尺的中心点重合。

(5) 旋转待测透镜一周,观察计算十字像的中心偏离标尺十字中心的最大值 N。每格格值为 $b=0.01$ mm。

(6) 被测透镜的偏心量 Q 为全移动量的一半,有

$$Q=N \cdot Q_1$$

$$\left(\frac{b}{a} * \lambda\right) * \frac{60s}{2}$$

$$\lambda=\tan 1'=0.00291$$

式中:Q_1 为被测透镜每格移动量的光学中心偏差(秒);a 为被测透镜像距,即为被测透镜上表面到 $10\times$ 物镜的物点的距离。

举例:根据被测透镜的中心偏差要求设定测量 $A=50$ mm,查表可知 $Q_1=24$ 秒/格,若检测时,十字像全移动量为 12 格,则被测透镜的偏心量为 $Q=12\times24$ s$=288$ s$=4$ min 48 s。

对于某些短焦距透镜,当像距 A 过大时,会出现找不到十字像或者十字像非常细非常粗的状况,故只能根据被检测透镜的精度选择适当的 A 值进行检测;

5.4　光学元件不平行度的测量实验

5.4.1　实验目的

（1）掌握测角仪的原理和使用方法；
（2）学会利用测角仪测量平板玻璃的不平行度。

5.4.2　实验仪器

测角仪、待测平板玻璃。

5.4.3　实验原理

　　光学测角仪通常称为比较测角仪。图 5-7 所示的是单管比较测角仪的结构图，它由自准直望远镜和工作台组成，只要松开手柄即可把自准直望远镜在工作台内调节到任意的位置。

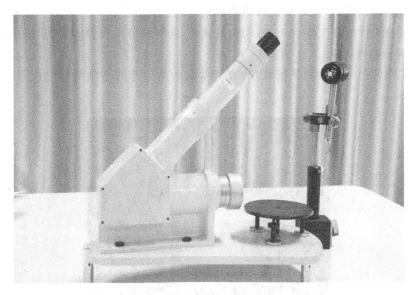

图 5-7　光学测角仪实物图

　　光学测角仪是一种带有分划板的自准直望远镜，图 5-8 所示的是测量平板玻璃不平行度的原理图。

　　光源以出射的光束经过半透半反镜后照亮分划板，经过自准直望远镜的物镜后成为一束平行光束，并入射到平板玻璃上，由前后表面分别反射回来，成为两束夹角为 φ 的光束，最

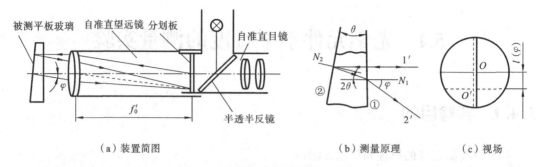

（a）装置简图　　　　　　　　　　　　　　　　　（b）测量原理　　　　（c）视场

图 5-8　测量平板玻璃的不平行度

后在望远镜视场里面看到两组互相分开的分划板像,如果玻璃平板的不平行度为 θ,自准直望远镜视场中对应的角为 φ,则有

$$\theta = \frac{\varphi}{2n}$$

式中:n 为被测平板玻璃的折射率。

5.4.4　实验步骤

（1）接通 LED 的电源,将 LED 放在测角仪的入光口位置,调节 LED 光源的亮度调节旋钮,从目镜方向看,亮度适宜为止。

（2）调节目镜视度圈,使眼睛能清晰地看到分划板的刻线。

（3）将被测元件放在工作台上,移动物镜镜筒,同时调节工作台的姿态,使被测元件表面反射回来的像最清晰,如图 5-9 所示。

（4）在工作台上旋转被测平板玻璃,直到看到两条分开的亮刻线与黑色刻线垂直相交,如图 5-9 所示。

图 5-9　望远镜视场中观察到的十字像

（5）按照公式 $\theta = Na$ 计算平行差,其中,N 为两反射像相对偏离的格数,a 为分划板上每格代表的平行差或楔角值。在本仪器使用中,a 为 20′/格。

（6）具体测量中可以测量平行玻璃或者直角棱镜的不平行度。测量方法详见仪器使用说明书。

5.4.5　注意事项

（1）放置测角仪的工作台必须保持清洁，否则会影响测量精度。
（2）光源的亮度不能调节过亮，以中等亮度为宜，否则易伤害眼睛。

6

光学元件成像特性及参数检测系统

6.1 普通镜头参数检验实验

6.1.1 实验目的

(1) 了解镜头的种类、性能、参数等基础知识,掌握对镜头结构的分析。

(2) 掌握镜头各个参数的物理意义,能正确利用公式换算来鉴别应用场合。

(3) 了解特殊要求来应用镜头的功能及原理,对实验结果进行分析。

6.1.2 实验仪器

LED 光源、目标物、各类镜头、CCD、夹持器等。

6.1.3 实验原理

相机的光学镜头是图像传感之前的光学成像装置,能够控制图像传感器的图像采集范围,使得场景中的光线能够集中进入较小的图像传感器表面;镜头能够限制光通量,避免光线直接照射传感器造成信号饱和而无法分辨图像。通过调节镜头的焦距、光圈使相机能够改变像的角度和亮度。镜头在测量中是成败的关键,好的镜头能确保测量的精确程度。

1. 镜头分类

(1) 常用镜头。

目前市场上的常规分类方法是把镜头按焦距分为标准镜头、广角镜头、长焦镜头和变焦镜头。

① 标准镜头:视角 30°左右,焦距定位为 12 mm,也可称为中焦距镜头。

② 广角镜头:视角 90°左右,焦距小至几毫米,可以提供宽广的视场,也可称为短焦镜头。

③ 远摄镜头:视角 20°以内,焦距为几米甚至几十米,可以拍摄远距离的物像,亦称长焦镜头。

④ 变焦镜头:介于标准镜头和广角镜头之间,焦距连续可变,既可以拍摄远距离物体,又可提供宽广视场。注意:由于变焦镜头要求在焦段内都能成像,所以其焦距设计必然是取每个位置成像质量居中的办法,故其最好效果不如定焦镜头。

(2) 远心镜头。

远心镜头属于定焦镜头,其设计原理是依照远心光路来制作的,在测量仪器中,远心光路的作用是非常明显的,因为它大大降低了因系统离焦而引起的测量误差。远心光路中,按照光阑位置的不同,又分为物方远心光路和像方远心光路,光阑在像方焦点处的为物方远心光路,光阑在物方焦点处的为像方远心光路。

在图 6-1 中,光阑在物镜上,为非远心光路。按照测量要求,被测物 AB 的像 $A'B'$ 应与分划板 MN 重合。但在实际测量中往往因调试误差而产生离焦,物面位置实际位于 A_1B_1 处,它的像与 MN 不重合,在 MN 上的投影为 CD,这样就导致了测量误差。

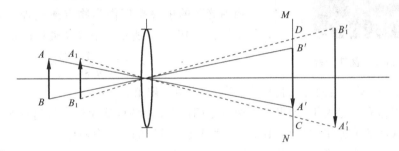

图 6-1 非远心光路

2. 参数解析

(1) 视场。

视场是整个系统能够观测到的物体物理尺寸范围,也就是 CCD 上能成像的最大尺寸对应的物体尺寸大小。视场大小与工作距离、焦距、CCD 芯片有关。在图 6-2 所示的成像系统中,D 表示工作距离,f 为焦距。一般来说,焦距越大,视场越小,图像的细节越清晰;焦距越小,视场越大,图像的细节越模糊。

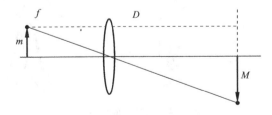

图 6-2 透镜成像光路图

(2) 放大倍率。

物体的像的尺寸与物体物理尺寸的比值称为放大倍率,可以表示为

$$M = \frac{L}{\text{FOV}}$$

(6-1)

式中:FOV 为水平视场;L 为 CCD 芯片长边尺寸。

（3）分辨率。

理想成像的结果是物方一点通过成像系统在像方会汇聚成一个点,但实际上像面上得到的是具有一定面积的光斑。这是因为把光看作光线只是几何学的基本假设,实际上光并不是几何线,而是电磁波,虽然大部分光学现象可以利用光线假设进行说明,但是,在某些特殊情况下,就不能用它来准确说明光的传播现象了。前面已经说过在光束的聚焦点附近,几何光学误差很大,不能应用,而必须采用把光看作电磁波的物理方法研究。

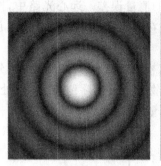

图 6-3 圆孔衍射

这种现象可以解释为电磁波通过系统中限制光束口径的孔发生衍射造成的。由于菲涅尔衍射,一个点物在像平面会成一个衍射光斑即艾里斑。

根据物理光学中圆孔衍射原理可以求得:衍射光斑中央亮斑集中了全部能量的80%以上,其中第一亮环的最大强度不到中央亮斑最大强度的2%。通常把衍射光斑的中央亮斑作为物点通过理想光学系统的衍射像,如图 6-3 所示。中央亮斑直径表示为

$$2R = \frac{1.22\lambda}{n' \sin U'_{max}} \qquad (6-2)$$

式中:λ 为光波长;n' 为空间介质折射率;U'_{max} 为光束会聚角。

由于衍射像有一定大小,如果两个像点之间的距离太短,就无法分辨这两个像点。我们把两个衍射像间所能分辨的最小间隔称为理想光学系统的衍射分辨率。

假定 S_1、S_2 两个发光点的间距足够大,它们的理想像点间距比中央亮斑直径还大,这是在像平面上出现两个分离的亮斑,足以分清两点,如图 6-4 所示。

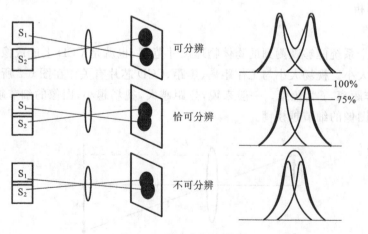

图 6-4 发光点间距变化

当两物点靠近,像平面上的亮斑随之靠近,当两像点间距小于中央亮斑直径时,两光斑将部分重叠,像平面上光强的两个极大值之间,存在一个极小值。如果极大值和极小值之间的差足够大,则仍然能够分清这两个像点。随着两个物点继续接近,极大值和极小值间的差减小,最后能量极小值消失,合成一个亮斑,此时无法分清这两个像点,这就是瑞利判据。根

据实验证明,两个像点间能够分辨的最短距离等于中央亮斑半径 R,则理想系统的衍射分辨率公式为

$$R = \frac{0.61\lambda}{n' \sin U'_{max}} \tag{6-3}$$

光强度分布曲线上极大值和极小值之差与极大值和极小值之和的比称为对比,用 K 表示如下:

$$K = \frac{E_{max} - E_{min}}{E_{max} + E_{min}} \tag{6-4}$$

式中:E 为强度。

在上述条件下,相应的对比为 0.15。实际上,当对比为 0.02 时,人眼就能分辨出两个像点,这时相应的两个像点距离约为 $0.85R$。

照相系统的分辨率一般以像平面上每毫米内能分开的线对数 N 表示,照相物镜可以认为是对无限远物体成像,光束会聚角表示为

$$\sin U'_{max} \approx \frac{D}{2f'} \tag{6-5}$$

将式(6-5)代入理想衍射公式(6-2)得

$$R = \frac{1.22\lambda f'}{n' D} \tag{6-6}$$

把镜头里改变通光量大小的装置称为光圈,设 $F = \frac{f'}{D}$,F 为物镜光圈数,则 $R = 1.22\lambda F$,这就是像平面刚被分辨开的两像点间最短距离,则分辨率(每毫米分辨线对数)为

$$N = \frac{1}{R} = \frac{1}{1.22\lambda F} \tag{6-7}$$

物镜光圈数的倒数为相对孔径。由式(6-7)可知,照相物镜的相对孔径越大,光圈数越小,分辨率越高。

(4)景深。

在实际测量中,被测物都是有一定空间深度的,也就是说,需要将一定深度范围的物空间成像在一个平面上。

物空间所成的平面像,在像平面上除了与其共轭的物平面的像之外,同时还映出了位于共轭物平面前后的空间点的像,这些非共轭点在像平面上所成的像不再是点像,而是一些相应光束的截面-弥散斑。这些弥散斑尺寸足够小时,可以将其等效地视为空间物点的共轭像,并认为所成的由弥散斑组成的像是清晰的。能在像平面上获得清晰像的空间深度称为景深。

如图 6-5 所示,因为理想像面上的弥散斑 Z'_1 和 Z'_2 分别与对准面上的弥散斑 $Z_1 Z_2$ 相共轭,则有

$$Z'_1 = |\beta| Z_1, \quad Z'_2 = |\beta| Z_2 \tag{6-8}$$

式中:β 为共轭面 A' 和 A 的垂轴放大率。

由图中相似三角形得

$$\frac{Z_1}{D} = \frac{l_1 - l}{l_1}, \quad \frac{Z_2}{D} = \frac{l - l_2}{l_2} \tag{6-9}$$

于是有

$$l_1 = \frac{Dl}{D - Z_1} \tag{6-10}$$

$$l_2 = \frac{Dl}{D + Z_2} \tag{6-11}$$

设 $Z_2 = Z_1 = Z$，$Z_2' = Z_1' = Z'$，$Z = \frac{Z'}{|\beta|}$ 代入式(6-10)、式(6-11)，可得

$$l_1 = \frac{Dl|\beta|}{D|\beta| - Z'}, \quad l_2 = \frac{Dl|\beta|}{D|\beta| + Z'}$$

景深

$$\Delta = l_2 - l_1 = -\frac{2Dl|\beta|Z'}{D^2\beta^2 - Z'^2}$$

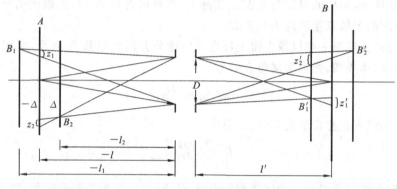

图 6-5　景深及焦深图

综上所述，景深与光瞳(光圈)口径 D、对准距离 l、垂轴放大率 β、允许弥散斑直径 Z' 等诸多因素有关。当 l、β、Z' 固定时，景深 Δ 随光瞳(孔径光阑)口径 D 的加大而减小。为了使远心镜头在一定深度范围内有固定的放大率，远心镜头都是有一定景深的，用来完成精确测量功能。

6.1.4　实验内容和步骤

(1) 在图 6-6 所示的搭建基础上，调整成像光路，在相机上可以采集目标物的像。

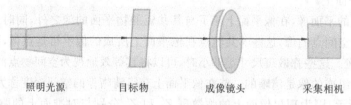

照明光源　　　　目标物　　　成像镜头　　　采集相机

图 6-6　镜头检测光路图

(2) 镜头景深的测量。按照光路图观察目标物的清晰像。记下此时目标物的位置 X_1，前后移动目标物同时观察目标物的清晰程度，待相对清晰时记下目标物的位置 X_2，X_2 与 X_1 之间的距离即为镜头的景深。改变远心镜头的光阑大小，稍微打开或者关小一点，再次测量镜头景深，并与之前的结果对比，找出差别，分析出现这种差别的原因。

(3) 系统的放大倍数。在成像清晰的条件下，观察目标物上的刻度在相机上的成像大小，通过移动平移台可以计算 1 mm 宽度对应的实际大小，即可计算放大倍数。

6.2 连续空间频率传递函数的测量实验

6.2.1 实验目的

（1）了解衍射受限的基本概念；

（2）了解线扩散函数在光学传递函数中的基本原理和应用；

（3）了解快速傅里叶变换在计算测量时的应用，了解光学镜头及其参数对传递函数的影响；

（4）了解传递函数评估的基本原理。

6.2.2 实验仪器

光源、目标物、透镜、底座、夹持器、CCD。

6.2.3 基本原理

光学传递函数（optical transfer function，OTF）表征光学系统对不同空间频率的目标的传递性能，广泛用于对系统成像质量的评价。

1. 光学传递函数的基本理论

傅里叶光学证明了光学成像过程可以近似作为线形空间的不变系统来处理，从而可以在频域中讨论光学系统的响应特性。任何二维物体 $\psi_\circ(x, y)$ 都可以分解成一系列 x 方向和 y 方向的不同空间频率 (ν_x, ν_y) 简谐函数（物理上表示正弦光栅）的线性叠加，有

$$\psi_\circ(x,y) = \int_{-\infty}^{\infty}\int_{-\infty}^{\infty} \Psi_\circ(\nu_x,\nu_y)\exp[i2\pi(\nu_x x + \nu_y y)]\mathrm{d}\nu_x\mathrm{d}\nu_y \qquad (6\text{-}12)$$

式中：$\Psi_\circ(\nu_x,\nu_y)$ 为 $\psi_\circ(x, y)$ 的傅里叶谱，它正是物体所包含的空间频率 (ν_x, ν_y) 的成分含量，其中低频成分表示缓慢变化的背景和大的物体轮廓，高频成分则表征物体的细节。

当该物体经过光学系统后，不同频率的正弦信号发生两个变化：首先是调制度（或反差度）下降，其次是相位发生变化，这一过程可综合表示为

$$\psi_i(\nu_x,\nu_y) = H(\nu_x,\nu_y) \times \Psi_\circ(\nu_x,\nu_y) \qquad (6\text{-}13)$$

式中：$\psi_i(\nu_x,\nu_y)$ 表示像的傅里叶谱；$H(\nu_x,\nu_y)$ 称为光学传递函数，是一个复函数，它的模为调制度传递函数（modulation transfer function，MTF），相位部分则为相位传递函数（phase transfer function，PTF）。

显然，当 $H=1$ 时，表示像和物完全一致，即成像过程完全保真，像包含了物的全部信息，没有失真，光学系统成完善像。

由于光波在光学系统孔径光栏上的衍射以及像差（包括设计中的余留像差及加工、装调

中的误差),信息在传递过程中不可避免要出现失真,总的来讲,空间频率越高,传递性能越差。

对像的傅里叶谱 $\psi_i(\nu_x,\nu_y)$ 再作一次逆变换,就得到像的光强分布,有

$$\psi_i(\xi,\eta)=\int_{-\infty}^{\infty}\int_{-\infty}^{\infty}\psi_i(\nu_x,\nu_y)\exp[i2\pi(\nu_x\xi+\nu_y\eta)]\mathrm{d}\nu_x\mathrm{d}\nu_y \tag{6-14}$$

2. 传递函数测量的基本理论

(1) 衍射受限的含义。

衍射受限是假设在理想光学系统里,根据物理光学的理论,光作为一种电磁波,由于电磁波通过光学系统中限制光束口径的孔径光阑时发生衍射,在像面上实际得到的是一个具有一定面积的光斑而不能是一理想像点。所以,即使是理想光学系统,其光学传递函数超过一定空间频率以后也等于零,该空间频率称为系统的截止频率,公式如下:

$$\nu_l=\frac{2n'\sin U'_{\max}}{\lambda} \tag{6-15}$$

式中:ν_l 为像方截止频率;n' 为像方折射率;$U'_{\max}$ 为像方孔径角;λ 为光线波长。

据上所述,物面上超过截止频率的空间频率是不能被光学系统传递到像面上的。因此,可以把光学系统看作是一个只能通过较低空间频率的低通滤波器,这样就可以通过对低于截止频率的频谱进行分析来评价像质。

我们把理想光学系统所能达到的传递函数曲线称为该系统传递函数的衍射受限曲线。因为实际光学系统存在各种像差,其传递函数值在各个频率上均比衍射受限频谱曲线所对应的值低。

(2) 传递函数连续测量的原理。

当目标物为一狭缝,设狭缝的方向为 y 轴时,可以认为在 x 轴上它是一个非周期的函数,如图 6-7 所示。

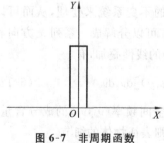

图 6-7 非周期函数

它可以分解成无限多个频率间隔的振幅频谱函数。由于它们是空间频率的连续函数,因此对它的传递函数的研究可以得到所测光学系统在一段连续的空间频率的传函分布。其中,目标中的几何线(即宽度为无限细的线)成像后均被模糊了,即几何线被展宽了,它的抛面称为线扩散函数(line spreading function, LSF)。设光学系统的线扩散函数为 $L(x)$,狭缝函数(即从狭缝输出的光强分布的几何像)为 $\eta(x)$。根据傅里叶光学的原理,在像面上的光强分布为

$$L'(x)=L(x)*\eta(x) \tag{6-16}$$

如果使用面阵探测器,则沿 y 方向的积分给出 $L'(x)$。式(6-16)表明测出的一维光强分布函数为线扩散函数与狭缝函数的卷积。对式(6-16)进行傅里叶变换,得到

$$M'(\nu)=\mathrm{FT}\{L'(x)\}=\mathrm{FT}\{L(x)\}\cdot\mathrm{FT}\{\eta(x)\}=M(\nu)\cdot\tilde{\eta}(\nu) \tag{6-17}$$

式中:FT 表示傅里叶变换;$M(\nu)$ 为线扩散函数 $L(x)$ 的傅里叶变换,即一维光学传递函数;$\tilde{\eta}(\nu)$ 为狭缝函数的傅里叶变换。

式(6-17)表明,$L'(x)$ 的傅里叶变换为光学传递函数与狭缝函数的几何像的傅里叶变换

的乘积。如果已知 $\eta(x)$,通过对式(6-17)的修正即可得到光学传递函数。

当狭缝足够细时,例如,比光学系统的线扩散函数的特征宽度小一个数量级以上时,使 $\eta(x) \approx \delta(x)$,就有

$$\left.\begin{array}{l} L'(x) \approx L(x) \\ M'(\nu) \approx M(\nu) = \mathrm{FT}\{L'(x)\} \end{array}\right\} \tag{6-18}$$

对 $L'(x)$ 直接进行快速傅里叶变换处理就能得到一维光学传递函数。评价光学系统成像质量(像质评价)时,通常要对一对正交方向的传递函数进行测量,如图 6-8 所示。

图 6-8 光学系统传递函数测量实物图

6.2.4 实验内容

(1) 如图 6-8 所示,将平行光管、待测透镜和 CMOS 相机放置在平台(或者导轨滑块)上,调节所有光学器件共轴,一般准直透镜焦距大于被测透镜焦距,如图 6-9 所示。打开光源,CMOS 相机前装配成像光阑,通过数据线与计算机相连。

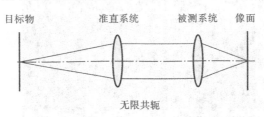

目标物　　准直系统　　被测系统　像面

无限共轭

图 6-9 实验采用无限共轭测试光路

(2) 运行实验软件,选择"采集模块"中的"采集图像",调整相机和透镜间的距离,使计算机图像画面上能出现平行光管中分划板的像,找到分划板像后,固定相机下的滑块,微调平移台,使成像清晰。

(3) 如图像亮度和对比度不够,可以适当调节软件采集模块的增益和曝光时间。当图像调节合适后,先单击"停止采集",然后单击"保存图像",将图片保存在计算机中。

(4) 选择实验软件中的"MTF 测量"功能模块,单击"读图",读入刚保存的线对图,如图

6-10所示。

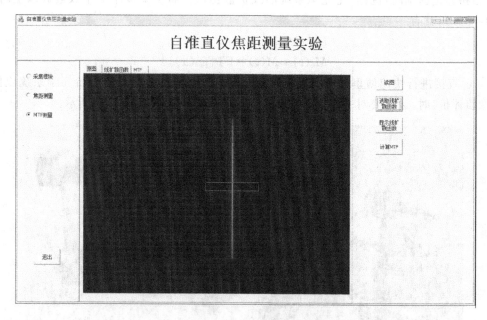

图 6-10 读入线对图

（5）单击"选取线扩散函数"，将鼠标移至一条狭缝的中心，单击，则会出现一个红色的矩形框，如图 6-11 所示。

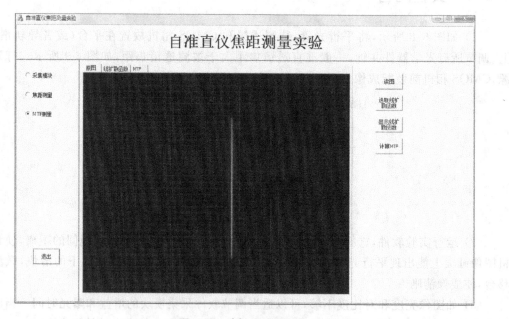

图 6-11 选择线扩散函数

（6）单击"显示线扩散函数"，则可以得到红色矩形框中狭缝图案的线性扩散函数图，如图 6-12 所示。

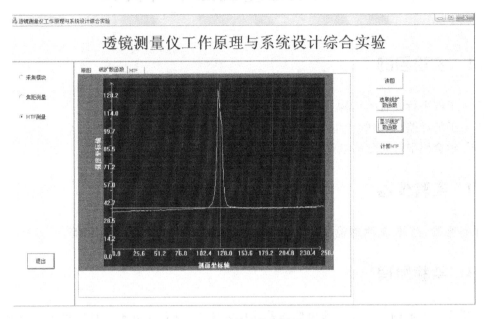

图 6-12　线扩散函数图

（7）单击"计算 MTF"，便可得到被测透镜的 MTF 图，如图 6-13 所示。

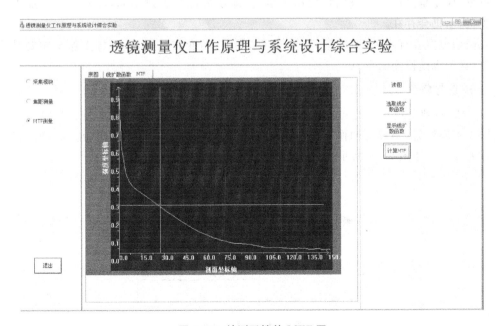

图 6-13　被测透镜的 MTF 图

6.3 轴上像差检测平台实验

6.3.1 实验目的

(1) 了解平行光管的结构及工作原理；

(2) 了解球差、色差的产生原理；

(3) 学会用平行光管测量透镜的色差及球差。

6.3.2 实验仪器

平行光管、光阑、被测透镜、CMOS 相机、计算机、光具座、滑块、夹持器等。

6.3.3 实验原理

光学系统所成的实际像与理想像的差异称为像差,只有在近轴区且以单色光所成之像才是完善的(此时视场趋近于 0,孔径趋近于 0)。但实际运用的光学系统均需对有一定大小的物体以一定的宽光束进行成像,故此时的像已不具备理想成像的条件及特性,即像并不完善。可见,像差是由球面本身的特性所决定的,即使透镜的折射率非常均匀,球面加工得非常完美,像差仍会存在。

几何像差主要有六种,即球差、彗差、像散、场曲、畸变和色差,其中轴上像差主要是球差和色差,这个也是检测的重点。

1. 球差与色差

(1) 球差:轴上点发出的同心光束经光学系统后,不再是同心光束,不同入射高度的光线交光轴于不同位置,相对近轴像点(理想像点)有不同程度的偏离,这种偏离称为轴向球差,简称球差($\delta L'$),如图 6-14 所示。

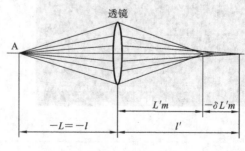

图 6-14 轴上点球差

(2) 色差:光学材料对不同波长的色光有不同的折射率,因此同一孔径、不同色光的光线经过光学系统后与光轴有不同的交点。不同孔径、不同色光的光线与光轴的交点也不相同。在任何像面位置,物点的像是一个彩色的弥散斑。各种色光之间成像位置和成像大小的差异称为色差,如图 6-15 所示。

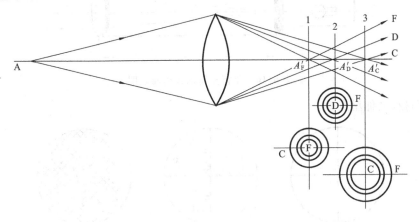

图 6-15　轴上点色差

轴上点两种色光成像位置的差异称为位置色差,也称轴向色差。对目视光学系统用 $\Delta L'_{FC}$ 表示,即系统对 F 光(451 nm)和 C 光(690 nm)消色差为

$$\Delta L'_{FC}=L'_F-L'_C$$

对近轴区表示为

$$\Delta l'_{FC}=l'_F-l'_C$$

根据定义可知,位置色差在近轴区就已产生。为计算色差,只需对 F 光和 C 光进行近轴光路计算,就可求出系统的近轴色差和远轴色差。

倍率色差是指 F 光与 C 光的主光纤的像点高度之差。

$$\Delta Y_{FC}=Y'_F-Y'_C$$

近轴倍率色差表示为

$$\Delta y'_{FC}=y'_F-y'_C$$

2. 平行光管结构

根据几何光学原理,无限远处的物体经过透镜后将成像在焦平面上;反之,从透镜焦平面上发出的光线经透镜后将成为一束平行光。如果将一个物体放在透镜的焦平面上,那么它将成像在无限远处。

图 6-16 所示的是平行光管的结构原理图。它由物镜及置于物镜焦平面上的分划板、光源以及为使分划板被均匀照亮而设置的毛玻璃组成。由于分划板置于物镜的焦平面上,因此,当光源照亮分划板后,分划板上每一点发出的光经过透镜后,都成为一束平行光。又由于分划板上有根据需要而刻成的分划线或图案,这些刻线或图案将成像在无限远处。这样,对观察者来说,分划板又相当于一个无限远距离的目标。

根据平行光管要求的不同,分划板可刻有各种各样的图案。图 6-17 所示的是几种常见的分划板图案形式。图 6-17(a)所示的是刻有十字线的分划板,常用于仪器光轴的校正;图 6-17(b)所示的是带角度分划的分划板,常用在角度测量上;图 6-17(c)所示的是中心有一个

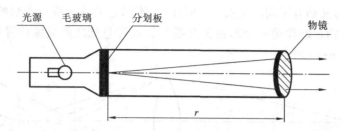

图 6-16 平行光管的结构原理图

小孔的分划板,又称星点板。

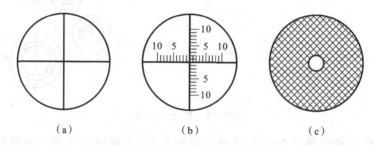

（a）　　　　　（b）　　　　　（c）

图 6-17 分划板的几种图案形式

3. 星点法

根据几何光学的观点,光学系统的理想状况是点物成点像,即物空间一点发出的光能量在像空间也集中在一点上,但由于像差的存在,在实际中是不可能实现的。评价一个光学系统像质优劣的根据是物空间一点发出的光能量在像空间的分布情况。在传统的像质评价中,人们先后提出了许多像质评价的方法,其中用得最广泛的有分辨率法、星点法和阴影法(刀口法),此处利用星点法。

光学系统对相干照明物体或自发光物体成像时,可将物光强分布看成是无数个具有不同强度的独立发光点的集合。每一发光点经过光学系统后,由于衍射和像差以及其他工艺疵病的影响,在像面处得到的星点像光强分布是一个弥散光斑,即点扩散函数。在等晕区内,每个光斑都具有完全相似的分布规律,像面光强分布是所有星点像光强的叠加结果。因此,星点像光强分布规律决定了光学系统成像的清晰程度,也在一定程度上反映了光学系统对任意物分布的成像质量。上述的点基元观点是进行星点检验的基本依据。

星点检验法是通过考察一个点光源经光学系统后在像面及像面前后不同截面上所成的衍射像,通常称为星点像的形状及光强分布来定性评价光学系统成像质量好坏的一种方法。由光的衍射理论得知,一个光学系统对一个无限远的点光源成像,其实质就是光波在其光瞳面上的衍射结果,焦面上的衍射像的振幅分布就是光瞳面上振幅分布函数,亦称为光瞳函数的傅里叶变换,光强分布则是振幅模的平方。对于一个理想的光学系统,光瞳函数是一个实函数,而且是一个常数,代表一个理想的平面波或球面波,因此星点像的光强分布仅仅取决于光瞳的形状。在圆形光瞳的情况下,理想光学系统焦面内星点像的光强分布就是圆函数的傅里叶变换的平方即艾里斑光强分布,有

$$\left.\begin{aligned}\frac{I(r)}{I_0}&=\left[\frac{2J_1(\psi)}{\psi}\right]^2\\\psi=kr&=\frac{\pi\cdot D}{\lambda\cdot f'}r=\frac{\pi}{\lambda\cdot F'}r\end{aligned}\right\}\tag{6-19}$$

式中:$I(r)/I_0$ 为相对强度(在星点衍射像的中间,规定为 1.0),r 为在像平面上离开星点衍射像中心的径向距离;$J_1(\psi)$ 为一阶贝塞尔函数。

通常,光学系统也可能在有限共轭距内是无像差的,在此情况下 $k=(2\pi/\lambda)\sin u'$,其中 u' 为成像光束的像方半孔径角。

6.3.4　实验步骤

1. 色差测量

(1) 参考图 6-18 所示的系统光路图,搭建观测透镜色差的实验装置。

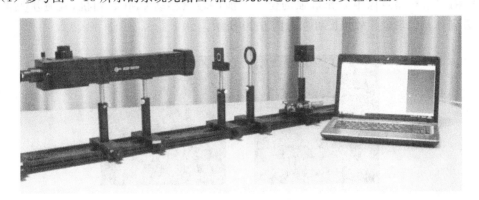

图 6-18　系统光路图

(2) 调节 LED、环带光阑(可任意选择,但测量色差时整个过程应使用同一环带光阑)、平行光管、被测透镜和 CMOS 相机,使它们在同一光轴上。具体操作步骤:先取下星点板,使人眼可以直接看到通过平行光管和被测透镜后的会聚光斑。调节 LED、被测透镜和 CMOS 相机的高度及位置,使平行光管、被测透镜和 CMOS 相机靶面共轴,且会聚光斑打在 CMOS 相机靶面上。

(3) 装上 100 μm 的星点板,微调 CMOS 相机位置,使得 CMOS 相机上光斑亮度最强,如图 6-19(a)所示。此时选用蓝色 LED(451 nm)光源,调节 CMOS 相机下方的平移台,使 CMOS 相机向被测透镜方向移动,直到观测到一个会聚的亮点,如图 6-19(b)所示,记下此时平移台上螺旋丝杆的读数 X_1。此时将光源换为红色 LED(690 nm),可看见视场图案如图 6-19(c)所示,相机靶面上呈现一个弥散斑,弥散斑与汇聚点的半径差即是透镜的倍率色差。

(4) 调节平移台,使 CMOS 相机向远离被测镜头方向移动,又可观测到一个汇聚的亮点,如图 6-19(d)所示,记下此时平移台上螺旋丝杆的读数 X_2。

(5) 位置色差 $\Delta L'_{FC}=L'_F-L'_C$。

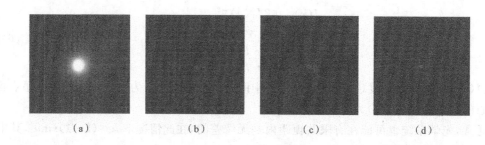

（a） （b） （c） （d）

图 6-19　色差效果图

2. 球差测量

（1）参考测量色差（见图 6-18），搭建观测轴上光线球差的实验装置，光源任选（此处用红色 LED）。

（2）调节各个光学元件与 CMOS 相机靶面同轴，沿光轴方向前后移动 CMOS 相机，找到通过被测透镜后，星点像中心光最强的位置。前后轻微移动 CMOS 相机，观测星点像的变化，可看到球差的现象。效果图可参考图 6-20 所示。

图 6-20　球差效果图

（3）选用最小环带光阑，移动相机找到汇聚点，读取平移台丝杆读数 X_1；换为最大环带光阑，相机靶面上呈现弥散斑，弥散斑与汇聚点的半径差即是透镜垂轴球差。移动相机寻找汇聚点，读取平移台读数 X_2。

（4）数据处理：计算透镜对红色光源的轴向球差，有 $X_2 - X_1$。

6.4 光学元件膜层特性检测系统实验

光学系统一般要通过镀膜来提高系统的透过性能或者发射性能,光学零件(基底)镀膜前表面是否清洁直接影响镀膜的薄膜质量,分析镀膜元件的反射或者透射能够进一步了解光学元件的光学性能。

6.4.1 实验目的

(1) 学习光学元件镀膜反射率的测量原理及测量方法;
(2) 学习光学元件镀膜透过率的测量原理及测量方法。

6.4.2 实验仪器

激光器、功率计、待测反射镜、滑块、夹持器。

6.4.3 实验原理

镀膜是用物理或化学的方法在材料表面镀上一层透明的电解质膜或金属膜,目的是改变材料表面的反射和透射特性。

在可见光和红外线波段范围内,大多数金属的反射率都可达到 $78\%\sim98\%$,但不可高于 98%。无论是对于 CO_2 激光,采用铜、钼、硅、锗等来制作反射镜,采用锗、砷化镓、硒化锌作为输出窗口和透射光学元件材料,还是对于 YAG 激光,采用普通光学玻璃作为反射镜、输出镜和透射光学元件材料,都不能达到全反射镜的 99% 及以上的要求。不同应用时输出镜有不同透过率的要求,因此必须采用光学镀膜方法。

对于 CO_2 激光灯中红外线波段,常用的镀膜材料有氟化钇、氟化镨、锗等;对于 YAG 激光灯近红外波段或可见光波段,常用的镀膜材料有硫化锌、氟化镁、二氧化钛、氧化锆等。除了高反膜、增透膜之外,还可以镀对某波长增反射、对另一波长增透射的特殊膜,如激光倍频技术中的分光膜等。

影响平面透镜的透光度的原因有许多。镜面的表面粗糙度会造成入射光的漫射,降低镜片的透光率。此外材质的吸旋光性,也会造成某些入射光源中的部分频率消散得特别严重。例如,会吸收红色光的材质看起来就呈现绿色。不过这些加工不良的因素都可以尽可能地去除。

很可惜的是大自然里本来就存在缺陷。当入射光穿过不同的介质时,就一定会发生反射与折射的能量损耗问题。若是垂直入射材质的话,我们可以定义出反射率与穿透率。

6.4.4 实验步骤

1. 膜层反射率测量

（1）按照图 6-21 搭建膜层反射率测量平台，摆放顺序依次为激光器、反射镜和功率计。

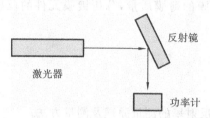

图 6-21 膜层反射率测量平台

（2）分别用功率计测量入射反射镜之前的功率 P_0 和测量经过反射镜之后的功率 P_1，在此角度的反射率为 P_1/P_0。

（3）旋转转台改变反射镜的反射角度，用同样的办法测量入射光强度和反射光强度，即可计算此角度的反射率。

2. 膜层透过率测量

（1）按照图 6-22 安装膜层透过率测量平台，摆放顺序依次为激光器、待测物和功率计。

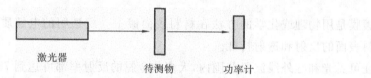

图 6-22 膜层透过率测量平台

（2）分别用功率计测量入射待测物之前的功率 P_0 和测量经过待测物之后的功率 P_1，即可计算此时透过率为 P_1/P_0。

6.5 光学元件基本物理光学特性检测系统实验 ——相位延迟测量

6.5.1 实验目的

(1) 了解偏振光学理论;

(2) 了解线性电光效应;

(3) 了解晶体电光调制理论;

(4) 掌握 Soleil-Barbinet 相位补偿器的应用;

(5) 掌握相位延迟测量方法。

6.5.2 实验仪器

相位延迟测量仪。

6.5.3 实验原理

在光学技术领域,特别是在偏光技术应用中,光学相位延迟器件是光学调制系统的重要器件。这类器件是基于晶体的双折射性质,利用光通过晶体可以改变入射光波的振幅和相位差的特点,改变光波的偏振态。相位延迟器件包括各种波片和补偿器,和其他偏光器件相配合,可以实现各种偏振态之间的相互转换、偏振面的旋转以及各类偏振光的调制,广泛应用于光纤通信、光弹力学、光学精密测量等领域。相位延迟量是光学相位延迟器件的重要参数,与器件的厚度、光学均匀性、应力双折射等诸多因素有关,其精度直接关系到应用系统的质量,因此准确地测定相位延迟量,提高其测量精度是非常有意义的,这项技术得到了越来越多的重视和研究。

目前,对光学相位延迟量的测量方法有很多,包括半阴法、补偿法、电光调制法、机械旋光调制法、磁光调制法、相位探测法、光学外差测量法、分频激光探测法、分束差动法,等等。测量方法的发展历程经历了由简单到复杂,由直接测量到补偿法测量,由标准波片补偿到电光、磁光补偿的过程。补偿法的一个问题是补偿器本身会带来一定的误差,如标准波片"不标准",电光补偿存在非线性性、补偿器光轴与测量光束不垂直等问题。本实验提出一种新的光学相位延迟测量方法:用调制偏振光准确判断极值点位置,用 Soleil-Barbinet 补偿器进行相位补偿,结合了补偿法和电光调制法的优点,又降低了补偿器本身对结果的影响,测量精度高,适用范围广。

测量系统如图 6-23 所示。

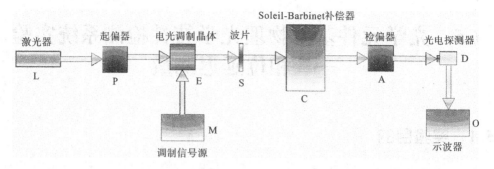

图 6-23　测量系统图

L 为光源,P 为起偏器,E 为电光调制晶体,通过调制信号源 M 加上调制信号。S 为待测波片,C 为 Soleil-Barbinet 补偿器,A 为检偏器,出射光由光探测器 D 接收,并经过滤波放大等处理后,最终结果显示在示波器 O 上。系统的坐标方向规定为:光束传播方向为 z 轴,起偏器的透振方向沿 x 轴、检偏器的透振方向沿 y 轴,电光调制器加电压后的感生轴 ξ、η 方向分别与待测波片及补偿器的快慢轴方向一致,和 x 轴呈 45°角,如图 6-24 所示。

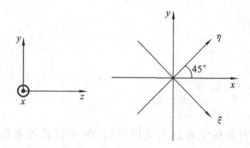

图 6-24　系统的坐标方向

在本实验中,通过电光调制晶体的电光效应,产生调制偏振光以准确判断极值点的位置;通过 Soleil-Barbinet 补偿器进行光学相位补偿,从而将调制和补偿两种作用分开,精度高,误差小,稳定性好。

1. 调制原理

由电场所引起的晶体折射率的变化,称为电光效应。通过晶体的透射光是一对振动方向相互垂直的线偏振光,通过调节外加电场大小,可对偏振光的振幅或相位进行调制。

例如,KDP 晶体沿光轴方向(z 方向)加外电场 E_z 后,从单轴晶体变成了双轴晶体,折射率椭球与 xy 平面的交线由圆变成了椭圆(见图 6-25)。沿 z 轴传播一对正交的本征模,分别在 ξ、η 方向偏振,折射率由式(6-20)给出。

$$\left.\begin{aligned}
n_\xi &= n_\text{o} - \frac{1}{2} n_\text{o}^2 \gamma_{63} E_z \\
n_\eta &= n_\text{o} + \frac{1}{2} n_\text{o}^3 \gamma_{63} E_z \\
n_\zeta &= n_\text{e}
\end{aligned}\right\} \tag{6-20}$$

当光波在 z 方向传播的距离为 L 时,两个本征模的相位差为

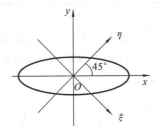

图 6-25

$$\delta = \frac{2\pi}{\lambda}(n_\eta - n_\xi)L = \frac{2\pi}{\lambda}n_o^3\gamma_{63}E_zL = \frac{2\pi}{\lambda}n_o^3\gamma_{63}V \tag{6-21}$$

通常把 $\delta = \pi$ 时的外加电压称为半波电压,记为 V_π,则由式(6-21)可得

$$V_\pi = \frac{\lambda}{2n_o^3\gamma_{63}} \tag{6-22}$$

通过 V_π,可将 δ 表示为

$$\delta = \pi\frac{V}{V_\pi} \tag{6-23}$$

可见,沿 ξ、η 方向振动的出射偏振光,其相位差和外加电压 V 的大小成正比,可通过调节外加电场大小的方式实现偏振光的调制。

我们的电光调制电源采用了一个正弦调制信号,即

$$V = V_0\sin(\omega t) \tag{6-24}$$

如果此时起偏器 P 沿 x 方向透振,检偏器 A 沿 y 方向透振,电光调制晶体的感生主轴 ξ、η 方向和 x 轴成 $45°$ 角,则输出光波的光强为

$$I' = I_0\sin^2\left(\frac{\delta}{2}\right) = I_0\sin^2\left[\frac{\pi V_0}{2V_\pi}\sin(\omega t)\right] = a_0 + a_2 J_2\left(\frac{\pi V_0}{V_\pi}\right)\cos(2\omega t) - \cdots \tag{6-25}$$

式中:a_0、a_2 为常数;J_k 为 k 阶贝塞尔函数。

式(6-25)表明输出的交变信号为二次频率信号,没有基频。这是系统零点的特征。

调制电压、晶体的相位差、输出光强的关系如图 6-26 所示。

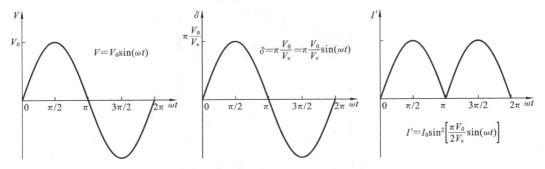

图 6-26 调制电压、晶体的相位差、输出光强的关系

光波偏振态随外电压变化的情况如图 6-27 所示。

V_0/V_π	0	0～1/2	1/2	1/2～1	1/−1	−1～−1/2	−1/2	−1/2～0	0
输出光偏振态	水平线偏振	左旋椭圆偏振	左旋圆偏振	左旋椭圆偏振	垂直线偏振	右旋椭圆偏振	右旋圆偏振	右旋椭圆偏振	水平线偏振
输出光偏振态图示									

当 $V_\pi=6000\ \text{V}, V_0=1000\ \text{V}$ 时，$\delta=\pi\dfrac{V_0}{V_\pi}\sin(\omega t)=\dfrac{\pi}{6}\sin(\omega t)$

ωt	0	0～$\pi/2$	$\pi/2$	$\pi/2$～π	π	π～$3\pi/2$	$3\pi/2$～2	$3\pi/2$～2π	2π
δ	0	0～$\pi/6$	$\pi/6$	$\pi/6$～0	0	0～$-\pi/6$	$-\pi/6$	$-\pi/6$～0	0
输出光偏振态	水平线偏振	左旋椭圆偏振	左旋椭圆偏振	左旋椭圆偏振	水平线偏振	右旋椭圆偏振	右旋椭圆偏振	右旋椭圆偏振	水平线偏振
输出光偏振态图示									

图 6-27　光波偏振态随外电压变化的情况

2. 补偿原理

Soleil-Barbinet 补偿器的作用类似于一个相位延迟量可调的零级波片，由成对的晶体楔 A、A′和一块平行晶片 B 组成。A 和 A′两光轴都平行于折射棱边，它们可以彼此相对移动，形成一个厚度可变的石英片；平行晶片 B 的光轴与晶体楔 A 垂直，如图 6-28 所示。

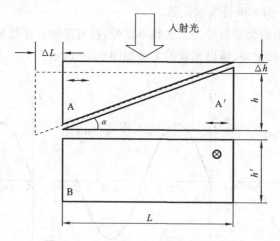

图 6-28　Soleil-Barbinet 补偿器的原理

设晶体楔厚度为 h，宽为 L，楔角为 α，则

$$h=L\tan\alpha \tag{6-26}$$

晶体楔平移 ΔL 后,沿光束通过方向厚度改变量为

$$\Delta h = \tan\alpha \Delta L \tag{6-27}$$

光通过补偿器后产生的相位延迟量为

$$\delta_C = \frac{2\pi}{\lambda}\left[(n_o-n_e)h+(n_e-n_o)h'\right] = \frac{2\pi}{\lambda}(n_e-n_o)(h'-h) = \frac{2\pi}{\lambda}(n_e-n_o)\Delta h$$

$$= \frac{2\pi}{\lambda}(n_e-n_o)\tan\alpha\Delta L \tag{6-28}$$

式中:n_o、n_e 分别是晶体发生双折射的 o 光和 e 光对应的主折射率。

式(6-28)表明光通过补偿器后产生的相位延迟量正比于厚度改变量 Δh,也正比于晶体楔的平移量 ΔL。

如果此时起偏器 P 沿 x 方向透振,检偏器 A 沿 y 方向透振,电光调制晶体的感生主轴 ξ、η 方向和 x 轴成 $45°$ 角,加入待测波片和 Soleil-Barbinet 补偿器后,输出光波的光强为

$$I' = I_0\sin^2\left(\frac{\delta_E}{2}+\frac{\delta_S+\delta_C}{2}\right) = I_0\sin^2\left[\frac{\pi V_0\sin(\omega t)}{2V_\pi}+\frac{\delta_S+\delta_C}{2}\right]$$

$$= a_0 + a_1\sin(\delta_S+\delta_C)J_1\left(\frac{\pi V_0}{V_\pi}\right)\sin(\omega t) + a_2\cos(\delta_S+\delta_C)J_2\left(\frac{\pi V_0}{V_\pi}\right)\cos(2\omega t) + \cdots \tag{6-29}$$

由此可以看到,输出的交变信号由基频和二次频率分量构成,出现基频分量是系统偏离零点的特征。由式(6-29)可知,当 $(\delta_S+\delta_C)/2 = 0$ 或 π,即 $\delta_S+\delta_C = 0$ 或 2π 时,式(6-29)与式(6-26)完全相同,此时称为完全补偿。在完全补偿条件下,从补偿器的平移量 ΔL 即可得到待测波片的相位延迟量 δ_S。

$$\delta_S = 2\pi - \delta_C = 2\pi - \frac{2\pi}{\lambda}(n_e-n_o)\tan\alpha \cdot \Delta L \tag{6-30}$$

6.5.4 实验步骤

(1) 调整激光器方向,使出射光平行于台面,并从补偿器的中心通过后打在探测器的接收靶面中心小孔,如图 6-29、图 6-30 所示。后续放入的探测器和各种光学元件其表面均应和光线传播方向垂直。

激光器　起偏器　电光晶体　波片　补偿器　检偏器　探测器　　　相位延迟测量仪

图 6-29　实验实物图

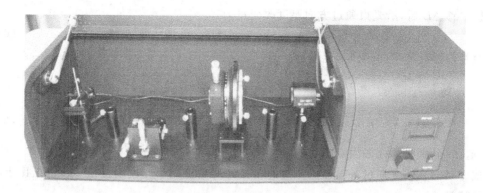

图 6-30 相位延迟测量仪实验实物图 1

（2）取下补偿器。如图 6-31 所示，放入起偏器，旋转至光强最强，放入检偏器并旋转至消光。将两偏振片锁紧。

图 6-31 实验实物图 2

（3）如图 6-32 所示，放入电光晶体，连接好晶体电源连线。打开信号源开关，将电压值调节到 1000 V 左右，此时加在晶体上的是 2 kHz 的正弦调制信号。调整晶体的上下左右位置，并进行俯仰调节，使从晶体反射的光斑基本打回到激光器的出光口，转动晶体，始终保持反射光斑不偏离中心。将探测器连接示波器，转动晶体直至找到 4 kHz 的正弦信号（即倍频），记录晶体调节架的刻度数，然后以这个位置为中心零点位置，让晶体分别向顺逆两个时针方向旋转 45°后在示波器上都能看到一条直线。否则，继续调节晶体直至出现以上结果后

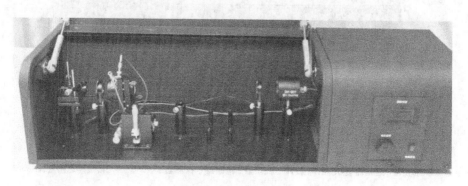

图 6-32 实验实物图 3

将晶体固定在零点位置,并锁紧。这时从晶体出射的是一对正交的调制偏振光,偏振方向沿 KDP 晶体的感生主轴方向。示波器上呈现 4 kHz 倍频正弦信号。

(4) 将补偿器的丝杆旋动到初始位置 0 mm,如图 6-33 所示,将其放入光路,示波器的波形有明显变化,此时旋转补偿器直至出现原来的 4 kHz 正弦信号,然后将补偿器旋转 45°(方向任意)并锁紧。补偿器的快慢轴方向与正交的调制偏振光的方向重合。

图 6-33 实验实物图 4

(5) 补偿器定标。由于 Soleil-Barbinet 补偿器能够提供 $0 \sim 2\pi$ 范围内任意的相位延迟量,调节补偿器的螺旋丝杆,观察输出信号的变化,定出 0 和 2π 相位延迟量对应补偿器的平移位置。记倍频信号(4 kHz)第一次出现的位置为 x_1,继续调节螺旋丝杆,记倍频信号(4 kHz)第二次出现的位置为 x_2。两个最小值之间的平移距离 $\Delta X = x_2 - x_1$ 作为仪器常数,随光源波长的不同而不同,可在 $0 \sim 2\pi$ 对补偿器线性定标。根据

$$\delta_C = \frac{2\pi}{\lambda}(n_e - n_o)\tan\alpha \cdot \Delta L = C \cdot \Delta L$$

得补偿器的定标系数为

$$C = \frac{2\pi}{\lambda}(n_e - n_o)\tan\alpha = \frac{2\pi}{\Delta X}$$

该系数和光源波长、补偿器楔角值及材料的折射率差有关。每次测量前应先对补偿器定标。

(6) 调节补偿器的平移旋钮,使补偿器恢复到位置 x_1。至此,系统调试完毕,进入测量状态。

(7) 放入待测波片。旋转波片,找到零点位置(即信号倍频位置)。然后将波片准确旋转 45°。此时待测波片快慢轴方向、补偿器快慢轴方向、KDP 晶体的感生主轴方向重合。

(8) 调节补偿器的螺旋丝杆,找到零点位置(即信号倍频位置)x',此时补偿器平移量为 $\Delta L = x' - x_1$。根据定标系数,可得到补偿器的相位延迟 δ_C,待测波片的相位延迟即为 $\delta_S = 2\pi - \delta_C$。

(9) 对待测波片不同方向、不同位置多次测量,求平均值。

参 考 文 献

[1] 宋菲君.信息光子学物理[M].北京:北京大学出版社,2006.

[2] 陈文正.二维旋光准直仪的信号处理及自动补偿[D].北京:清华大学,1988.

[3] 范玲,宋菲君.调制偏振光在光学相位延迟测量中的频谱分析[J].光谱学与光谱分析,
   2007,27(9).

[4] 吴思诚.近代物理实验[M].北京:北京大学出版社,1995.

[5] 姚启钧.光学教程[M].北京:高等教育出版社,1989.

[6] 郁道银,工程光学[M].北京:机械工业出版社,2006.